AF834676

SCHIFFE DER U.S. COAST GUARD

SEIT 1915

Lutz A. Kowalzick / Wilhelm M. Donko

Motor buch Verlag

Einbandgestaltung: Sven Rauert

Bildnachweis: Alle hier verwendeten Fotos und Illustrationen stammen, sofern nicht ausdrücklich anders angegeben, aus für die Öffentlichkeit freigegebenen Beständen der U.S. Coast Guard oder U.S. Navy und sind als Werke der Regierung der Vereinigten Staaten gemeinfrei.
Das Titelbild (farbig) zeigt den Kutter USGC »Diligence« (WMEC-616) auf Patrouillenfahrt am 7.3.1992; der Name des abgebildeten Soldaten im Vordergrund ist nicht bekannt. - Original-Fotobeschriftung: »U.S. COAST GUARD PHOTO - Copyright holder: Public Domain.« - Anmerkung: »This image or file is a work of a United States Coast Guard service personnel or employee, taken or made as part of that person‘s official duties. As a work of the U.S. federal government, the image or file is in the public domain (17 U.S.C. § 101 and § 105).«
Gewidmet Herrn Stefan Terzibaschitsch (1926-2008), dem großen deutschen Kenner der U.S. Navy, dessen Arbeit die Autoren zu diesem Buch inspiriert hat.

Eine Haftung des Autors oder des Verlages und seiner Beauftragten für Personen-, Sach- und Vermögensschäden ist ausgeschlossen.

ISBN 978-3-613-04560-6

Copyright © by Motorbuch Verlag, Postfach 103743, 70032 Stuttgart.
Ein Unternehmen der Paul Pietsch-Verlage GmbH & Co. KG

1. Auflage 2023

Sie finden uns im Internet unter www.motorbuch-verlag.de

Nachdruck, auch einzelner Teile, ist verboten. Das Urheberrecht und sämtliche weiteren Rechte sind dem Verlag vorbehalten. Übersetzung, Speicherung, Vervielfältigung und Verbreitung einschließlich Übernahme auf elektronische Datenträger wie DVD, CD-ROM usw. sowie Einspeicherung in elektronische Medien wie Internet usw. ist ohne vorherige Genehmigung des Verlages unzulässig und strafbar.

Lektorat: Bernd Keidel
Innengestaltung: WS – WerbeService Linke, 76185 Karlsruhe
Druck und Bindung: Printed by GPS in Bosnia-Herzegovina

Inhalt

USCGC »Midgett« (WHEC-726), aufgenommen 1983, noch mit dem alten 127-mm-Geschütz und einem Hubschrauber des Typs HH-3F Pelican, die Coast Guard-Version des Sea King.

USCGC »Joseph Gerczak« (WPC-1126) der Sentinel-Klasse, der alte Kutter USCGC »Sherman« (WHEC-720) der »Hamilton«-Klasse und USCGC »Kittiwake« (WPB-87316) der Marine Protector-Klasse in Honolulu 2018.

Ein 45 Fuß RBM (Response Boat Medium) mit Kennung 45601, das erste Boot einer neuen RBM-Generation, das 2008 zur USCG kam. Der Typ ist in erster Linie für SAR-Aufgaben konstruiert und ersetzt die 41 Fuß Utility Boats (UTB).

Vorwort

Lutz A. Kowalzick

Wilhelm M. Donko

Mit diesem Buch führen Lutz A. Kowalzick und Wilhelm M. Donko die Serie über amerikanische Kriegsschiffe im Motorbuch Verlag fort. Vorgestellt werden die zahlreichen Schiffe und Einheiten der U.S. Coast Guard seit ihrer Gründung in heutiger Form im Jahre 1915. Beide Autoren vereint das große Interesse an der Geschichte und dem Schiffsbestand der weitaus größten Seemacht der Welt. Von Ersterem kam die grundsätzliche Anregung zu diesem Werk. Beide haben in diesem Verlag bereits ein gemeinsames Buch über die Patrouillenschiffe der U.S. Navy veröffentlicht, letzter davor zwei Bücher über einzelne Schiffstypen, konkret über die Landungsschiffe und Minensucher der U.S. Navy.

Das Thema schließt an die von 1965 bis 2003 erschienenen Bücher von Stefan Terzibaschitsch (* 22. März 1926 in Belgrad; † 8. Januar 2008 in Leonberg) über die U.S. Navy an. Die etwa 30 Bücher des »Marineenthusiasten« (Eigenbezeichnung im Titel seiner launigen Autobiographie 2006) umfassten Beschreibungen und Monographien zu Flugzeugträgern, Schlachtschiffen, Kreuzern, Zerstörern, Geleitzerstörern, konventionellen U-Booten, Waffensystemen, dem fliegenden Material, und – zuletzt im Eigenverlag – zu Landungsschiffen, Hilfsschiffen und Hafenfahrzeugen der U.S. Navy. Diese beinhalteten neben Schiffslisten und Klassenbeschreibungen sowie Skizzen auch Fotomaterial zur Schiffserkennung. Orientiert wurde sich stets und ausschließlich nach dem weltweit so einmaligen Schiffs-Klassifikations-System mit Buchstaben und (Rumpf-)Nummern der U.S. Navy. Die Autoren haben sich zum Ziel gesetzt, vor diesem Hintergrund jene Schiffe der amerikanischen Marinestreitkräfte zu bearbeiten, über die Terzibaschitsch nicht geschrieben hat, und über die es bisher noch keine zusammenfassende Publikation im deutschsprachigen Raum gibt.

Der englische Begriff »Coast Guard« bedeutet wörtlich »Küstenwache« und beschreibt eine paramilitärische Streitmacht zum Schutz der küstennahen Gewässer, die es in vielen Ländern der Welt gibt, oftmals der jeweiligen Marine unterstellt, teilweise den Zoll- oder Polizeibehörden, oft auch als eigenständige Organisation. Die U.S. Coast Guard ist jedoch nicht nur die weitaus größte Küstenwache der Welt, sie entspricht von ihrer Größe, ihrem Schiffsbestand und ihrer Ausrüstung einer vollwertigen Marine.

Sie ist schon vom Personalstand her z.B. ein Vielfaches größer als die Deutsche Marine oder die Königlich Niederländische Marine (Koninklijke Marine), ja sogar immer noch etwa doppelt so groß wie die spanische Kriegsmarine (Armada Española). Die Zahl der Uniformierten entspricht etwa der Größenordnung der heutigen Marine Japans (JMSDF) oder Frankreichs (Marine nationale française) und übertrifft sogar jene Großbritanniens (Royal Navy). Dementsprechend umfangreicher und komplexer ist auch die Aufgabenstellung der U.S. Coast Guard gegenüber einer klassischen Küstenwache, es handelt sich praktisch um eine eigene maritime Teilstreikraft. Im Ersten und Zweiten Weltkrieg war sie der U.S. Navy unterstellt, nach wechselnden Zugehörigkeiten gehört sie seit 2003 zum Department of Homeland Security, als eine unmittelbare Folge der Terroranschläge vom September 2001. Aus historischen Gründen nennt sie ihre Schiffe, die teilweise in der Größe modernen Fregatten entsprechen, immer noch »Kutter«.

Die U.S. Coast Guard verfügt auch über ein eigenes Klassifikationssytem, ähnlich der U.S. Navy. Sie subsumierte unter der Kennung »W«, mit dem alle Klassifikationen beginnen, eine große Vielfalt von Typen mit teilweise völlig unterschiedlicher Aufgabenstellung, nämlich im Wesentlichen in sechs grundsätzlichen Bereichen:

- Kanonenboote
- Patrouillenfahrzeuge
- Eisbrecher

USCGC »Morgenthau« (WHEC-722) beim Passieren der Golden Gate Bridge.

- Schlepper
- Tender und Transporter
- Feuerschiffe
- Schulschiffe

Jede einzelne Klasse wird im Buch in Kurzform inhaltlich abgehandelt, mit einer knappen Beschreibung zur Schiffserkennung und allgemeinen, aber nur rudimentären technischen Angaben. Dazu kommen möglichst aussagekräftige Fotos zur Schiffserkennung jeder einzelnen Klasse (Leuchtschiffe werden bezüglich Fotos nur kursorisch behandelt) und die listenmäßige Erfassung aller Kutter anhand der »W«-Klassifikation Dabei werden für jede Einheit noch folgende Informationen angehängt: Bauwerft, Name, soweit einer vergeben wurde, sämtliche Umklassifizierungen innerhalb der U.S. Coast Guard, Zugehörigkeiten zu anderen US-Teilstreitkräften (inklusive U.S. Navy), Kriegsverluste und Unfälle sowie Transfers an fremde Marinen. Transfers an zivile Abnehmer werden jedoch nicht berücksichtigt, auch nicht sich daraus ergebende Umbenennungen. In Summe versteht sich das Buch als eine Bestandsaufnahme bzw. als Nachschlagewerk aller Kutter (also Einheiten von über 65 Fuß bzw. ca. 20 Metern Länge) der amerikanischen Küstenwach-Streitkräfte seit 1915.

Nicht unerwähnt bleiben soll, dass die U.S. Coast Guard auch über Flugzeuge und Hubschrauber verfügt, gegenwärtig unterhält sie etwa 200 Maschinen auf 24 Coast Guard Air Stations. Die seit Gründung verwendeten Typen und Modelle der fliegenden Komponente werden in sehr allgemeiner Form kurz vorgestellt, ein eigens Kapitel beschäftigt sich mit den heute verwendeten Fluggeräten.

Die Autoren danken dem Motorbuch Verlag für das fortgesetzte Interesse am Thema US-Marinestreitkräfte, insbesondere Herr Joachim Kuch von der Programmleitung, ebenso für die professionelle Betreuung bei der Umsetzung auch dieses Projektes.

Lutz A. Kowalzick und Wilhelm M. Donko
Plauen und Bangkok, im Dezember 2022

Lutz A. KOWALZICK, Prof. Dr.med.habil., geboren 2.3.1957 in Brandenburg an der Havel und in Hamburg aufgewachsen. Studium der Humanmedizin, Promotion und Habilitation und Ernennung zum apl. Professor an der Universität Hamburg. Nach dem Wehrdienst war er von 1982 bis 1994 Wissenschaftlicher Mitarbeiter an der dortigen Medizinischen Fakultät. Von 1995 bis 2019 Chefarzt, und von 2006 bis 2013 Ärztlicher Direktor am Vogtland-Klinikum in Plauen. Er ist Reservestabsoffizier und u.a. Mitglied der Marinekameradschaft Plauen/Vogtland von 1899 im Deutschen Marinebund, der International Submarine Connection U 156 Plauen (ISCP) sowie der Deutschen Gesellschaft für Wehrmedizin und Wehrpharmazie. Zahlreiche Artikel und Buchveröffentlichungen zu medizinischen, marine- und zeitgeschichtlichen Themen.

Wilhelm M. DONKO, Mag. phil., geboren 16.12.1960 in Linz/Donau, aufgewachsen und beheimatet in Schärding/Inn. Nach kurzer Seefahrtzeit Studium von Geschichte und Geographie an den Universitäten Salzburg und Tokio (»Todai«). Er trat 1990 in den diplomatischen Dienst der Republik Österreich ein und war nachfolgend an den österreichischen Botschaften in Algier, Moskau und Ankara stationiert, danach Botschafter in Seoul (2005-2009), Manila (2009-2013) und Oslo (2017-2022). In der Zentrale des Außenministeriums in Wien in der Abrüstungs-, der EU/EWR- und insgesamt acht Jahre in der Ostasien-Abteilung tätig. Seit April 2022 österreichischer Botschafter in Bangkok. Zahlreiche Artikel- und Buchveröffentlichungen, hauptsächlich zum Thema Marinegeschichte.

1. Einführung

1.1. Die Vorläuferorganisationen der U.S. Coast Guard

Zwei U.S. Revenue Cutter der 1790 gegründeten Vorläuterorganisation der heutigen Küstenwache Amerikas.

Als Gründungsjahr der amerikanischen Küstenwache gilt das Jahr 1790, sie war damals eine Schöpfung des ersten US-Finanzministers (Secretary of the Treasury) Alexander Hamilton (* 11. Januar 1755 oder 1757 auf Nevis, Westindische Inseln; † 12. Juli 1804 in New York), der den Bau von zehn »Revenue cutters« zur Eintreibung von Zollgebühren im Kongress durchsetzen konnte. Als Gründungs- oder Geburtstag gilt der 4. August, an diesem Tag unterzeichnete Präsident George Washington den »Tariff Act«, der den Bau dieser zehn »Kutter« genehmigte, um die Zoll- und Handelsgesetze des Bundes durchzusetzen und den Schmuggel zu unterbinden.

Ihre ursprüngliche Bezeichnung war der neuen maritimen Organisationseinheit war »U.S. Revenue Service« bzw. »U.S. Revenue Cutter Service« oder auch wechselnd »U.S. Revenue Marine«. Sie war von der Aufgabenstellung vor allem auf die Eintreibung von Zolleinnahmen für den Fiskus ausgerichtet. 1863 erhielt die Organisation die offizielle Bezeichnung »U.S. Revenue Cutter Service«.

Obwohl es sich heute praktisch um eine eigenständige Seestreitkraft mit einem Personalstand von über 40.000 uniformierten Personen und dazu einer etwa gleichen Anzahl von zivilen Arbeitskräften handelt, ist die seit 1790 gebräuchliche Bezeichnung »Kutter« für die großen Schiffe erhalten geblieben. Der Begriff »Kutter« (englisch »Cutter«) entstand Mitte des 18. Jahrhunderts für kleinere schnelle Segelschiffe mit schnittigem Vorschiff und zunächst nur einem Mast. Beim britischen Grenzschutz (»Border Force«) und der U.S.-amerikanischen Küstenwache ist dann auch, nach Aufgabe der ursprünglich tatsächlich für diese Zwecke gesegelten Kutter aus der traditionellen Rumpf- bzw. Typbezeichnung, eine Funktionsbezeichnung für ein (größeres) Küstenwach- oder Zoll-Fahrzeug geworden.

1798-1800, im Krieg mit Frankreich, waren acht Kutter des U.S. Revenue Cutter Service (USRC) im Einsatz. Eingesetzt war der USRC im 19. Jahrhundert auch im Floridakrieg gegen die Indianer (Seminolenkrieg) und im Mexikanisch-Amerikanischen Krieg. Im amerikanischen Bürgerkrieg von 1861 bis 1865 kamen die Kutter des USRC ebenfalls zum Einsatz und spielten u.a. eine wichtige Rolle bei der Unterbindung des Schmuggels. Im Spanisch-Amerikanischen Krieg 1898 stellte der Dienst 13 Kutter zum gemeinsamen Einsatz mit der U.S. Navy vor Kuba, und der Kutter USRC »McCulloch« war sogar an der Schlacht in der Bucht von Manila beteiligt.

Die »moderne« U.S. Coast Guard existiert seit Januar 1915 durch Zusammenlegung des »U.S. Revenue Cutter Service« mit dem »U.S. Life-Saving Service«, zu denen dann 1939 bzw. 1942 noch der »U.S. Lighthouse Service« und das »U.S. Bureau of Marine Inspection and Navigation« kamen.

Im Ersten Weltkrieg (ab US-Kriegseintritt am 6. April 1917) und im Zweiten Weltkrieg (ab 1. November 1941, d.h. bereits vor dem amerikanischen Kriegseintritt) wurde die U.S. Coast Guard der U.S. Navy unterstellt. Dazu aber mehr im Kapitel 3.

In Friedenszeiten war bzw. ist die U.S. Coast Guard eine eigenständige paramilitärische Teilstreitkraft und grundsätzlich nicht dem Verteidigungsministerium unterstellt, konkret dem Marineminister (Secretary oft the Navy), sondern einem ande-

*Alexander Hamilton (*1755 - † 1804) war nicht nur einer der Gründerväter der Vereinigten Staaten von Amerika und deren erster Finanzminister (Secretary of the Treasury), er gilt auch als Gründungsvater der U.S. Coast Guard, indem er 1790 den Bau von zehn »Revenue Cutters« zur Eintreibung von Zollgebühren im Kongress durchsetzen konnte. Erst langsam etablierte sich der Ausdruck »U.S. Revenue Service« oder auch wechselnd »U.S. Revenue Marine« für die neue maritime Organisationseinheit. Hamiltons Portrait ziert heute den amerikanischen 10-Dollar-Schein.*

ren Ministerium, wobei die Zuständigkeiten mehrfach wechselten. Bis 1917 war das Finanzministerium (Department of the Treasury) zuständig. In den Nachkriegszeiten war sie, nach dem Ersten Weltkrieg und dem Zweiten Weltkrieg, wieder dem Finanzministerium unterstellt, gefolgt 1967 vom Verkehrsministerium (Department of Transportation) und seit 2003 ist die U.S. Coast Guard dem Heimatschutzministerium (Department of Homeland Security) untergeordnet.

Die Coast Guard war zwar auch im Koreakrieg, im Vietnamkrieg und in den Golfkriegen militärisch zu diversen militärischen Überwachungseinsätzen und für logistische Aufgaben im Kampfgebiet eingesetzt, aber dabei nicht mehr formell als Teilstreitkraft der U.S. Navy unterstellt (sehr wohl aber natürlich den Navy-Kommandostrukturen operativ bei Kampfeinsätzen).

Als quasi indirekte Folge der die USA so tief erschütternden »9/11«-Terroranschläge (vom 11.9.2001) durch das islamistische Al-Qaida-Netzwerk wurde eine grundlegende Reform der Verteidigungsstrukturen der amerikanischen »Heimatfront« in die Wege geleitet. 2003 wurde die Coast Guard dem im Jahr 2002 von Präsident George W. Bush neu geschaffenen U.S. Heimatschutzministerium (Department of Homeland Security) unterstellt; auch dazu später mehr im Kapitel 3.

Siegelwappen des U.S. Revenue Cutter Service.

1.2. Exkurs: Ein Blick nach Deutschland

BP-81 »Potsdam« und BP-82 »Bamberg« von Deutschlands Küstenwache (Foto: Bundespolizei 2021).

In der Bundesrepublik Deutschland ist alles viel komplizierter, Stichwort »Föderalismus«, eine auch nur etwas detaillierte Ausführung zur langen und komplexen Geschichte der deutschen Küstenwachorganisationen würde schnell ins Uferlose führen. Es gibt hier jedenfalls keine der U.S. Coast Guard vergleichbare Küstenwache als eine Organisationseinheit des Bundes, allein schon da allgemeine Polizeiaufgaben generell in den Zuständigkeitsbereich der jeweiligen Länder fallen. Deshalb sind heute die Wasserschutzpolizeien der einzelnen Länder mit Zugang zum Meer jeweils auch als Küstenwachen im Einsatz.

Die Boote und Schiffe der Wasserschutzpolizeien Niedersachsens, Schleswig-Holsteins und Mecklenburg-Vorpommerns führen die Bezeichnung »Küstenwache« auch am Schiffsrumpf, nicht aber in Hamburg und Bremen, wo die Wasserschutzpolizei (und z.T. die Schifffahrtspolizei) den Großteil der relevanten Aufgaben übernehmen. Die zusätzliche Kennzeichnung am Schiffsrumpf mittels abgeschrägter Bundesflagge erinnert optisch an das Design der U.S. Coast Guard und ist heute in vielen Ländern in der Form so für Küstenwachschiffe üblich. Sie führen meist auch ein Bundeswappen mit Aufschrift »Küstenwache«. Die Rumpffarbe der Schiffe ist nicht einheitlich, sie richtet sich in Deutschland nach der Grundfarbe der jeweiligen Behörden: die Fahrzeuge der Bundespolizei und des Zolls sind in Blau (früher in Grün), die der Wasserstraßen- und Schifffahrtsverwaltung des Bundes und der Bundesanstalt für Landwirtschaft und Ernährung in Schwarz gehalten, dazu haben diese graue Aufbauten und führen zusätzlich groß den Schriftzug »Fischereischutz«.

Die jeweiligen Weisungsbefugnisse liegen bei den entsprechenden Behörden, also in erste Linie bei der Bundespolizei, dem Wasserzoll (Hauptzollämter), den Wasserstraßen- und Schifffahrtsämtern und der Bundesanstalt für Landwirtschaft und Ernährung. Mehrere Anläufe zur administrativen Vereinheitlichung der Organisation einer deutschen Küstenwache scheiterten bisher, sowohl auf Bundes- als auch auf Länderebene. Im Jahre 1994 wurde aber der bis heute existierende »Koordinierungsverbund Küstenwache« gegründet, der aus mehreren Bundesbehörden besteht, solchen aus dem Innenministerium, Finanzministerium, Verkehrsministerium, Landwirtschaftsministerium (Bundeszollverwaltung und Wasserzoll, Bundespolizei, Wasser- und Schifffahrtsverwaltung, Bundesanstalt für Landwirtschaft und Ernährung.) Laut offizieller Definition handelt es sich um einen »Koordinierungsverbund der Vollzugskräfte des Bundes auf See, zu dem der Zoll, die Wasser- und Schifffahrtsverwaltung und der Fischereischutz gehören«.

Das Wappen der Küstenwache des Bundes (Foto Bundespolizei).

Ausdrücklich ausgenommen ist im Zuständigkeitsbereich aber der Such- und Rettungsdienst auf See, für den die Deutsche Gesellschaft zur Rettung Schiffbrüchiger (DGzRS) zuständig ist. Diese ist eine historisch gewachsene, nichtstaatliche Organisation zur Seenotrettung, die derzeit ca. 60 Rettungsfahr-

Zollkreuzer »Hiddensee« vor Prerow (Foto: Simon Koopmann 2008).

Fischereischutzschiff »Meerkatze« vor Cuxhaven (Foto: Bernhard Fuchs 2012).

zeuge unterschiedlicher Größe auf 55 Stationen an der Küste unterhält. Gegründet wurde sie 1865 in Kiel, damals als Zusammenschluss lokaler Rettungsorganisationen.

Für den Such- und Rettungsdienst für auf See in Not geratene Luftfahrzeuge ist aber per Gesetz nicht die Deutsche Gesellschaft zur Rettung Schiffbrüchiger zuständig, diese Aufgabe wird von der Bundeswehr im Auftrag des Bundesministeriums für Verkehr wahrgenommen (teilweise unterstützt von der Fliegerstaffel der Bundespolizei).

An Bewaffnung verfügen nur die Schiffe der *Potsdam*-Klasse der Bundespolizei (seit 2019) über ein 57-mm-Geschütz in Form fest installierter Decksbewaffnung, ansonsten lassen sich bei einigen Fahrzeugen lediglich ein bis zwei Maschinengewehre bei Bedarf an Deck in vorbereiteten Fundamenten montieren. Darüber hinaus stehen nur die üblichen Dienstwaffen der Beamten als Schiffsbewaffnung zur Verfügung.

Die deutsche Küstenwache ist zusammenfassend keine eigenständige Bundesbehörde und verfügt auch nicht über eigene schwimmende Einheiten, die Schiffe und Fahrzeuge sind den jeweiligen Behörden unterstellt. Die Aufschrift »Küstenwache« am Rumpf bezeichnet deshalb nur eine gemeinsame Aufgabenstellung, keine Zugehörigkeit zu einer bestimmten Organisationseinheit. – Aber nun zurück zur US-Küstenwache.

1.3. Anmerkungen zu den Kuttern der U.S. Coast Guard

Die Kutter, d.h. die Schiffe und Boote der U.S. Coast Guard werden nachstehend im Hauptkapitel 4 nach Kategorien und Aufgabenstellung in ihren einzelnen Klassen beschrieben. Die Reihenfolge der Darstellung der Einheiten bzw. Klassen erfolgt nicht nach der Nummerierung in der jeweiligen Kategorie und nicht nach der Indienststellung bei der U.S. Coast Guard, sondern anhand des ursprünglichen Baujahrs. Zu jeder Klasse gibt es eine einfache Beschreibung der technischen Grunddaten, die aber bewusst nicht sehr ins Detail geht; die Technik der Schiffe ist kein Schwerpunkt dieses Buches. Des Weiteren gibt es eine kurze Beschreibung zur Schiffserkennung. Danach werden für jedes Schiff der Klasse in den angehängten Tabellen noch einheitlich folgende Angaben gebracht:

- Klassifikation in der U.S. Coast Guard
- Bauwerft
- Namen, soweit einer vergeben wurde
- Sämtliche Umklassifizierungen innerhalb der U.S. Coast Guard
- Zugehörigkeiten zu anderen US-Teilstreitkräften (inklusive U.S. Navy)
- Kriegsverluste und Unfälle
- Transfers an fremde Kriegsmarinen (aber keine zivilen Transfers oder zivile Namensänderungen)

Neben eigenen Konstruktionen und Neubauten wurden in Kriegszeiten auch große Mengen von zivilen Fahrzeugen staatlich requiriert und der Coast Guard übertragen. Hier zu sehen der frisch requirierte Fischtrawler WYP-163 »Atak« nach Umbau zu einem Kutter der Küstenwache im Juni 1942.

Für einige Einheiten wie requirierte Schiffe und kleine Patrouillenboote werden diese Angaben nur klassenweise zusammengefasst.

Zu allen Klassen finden sich außerdem aussagekräftige Fotos zum Aussehen der Schiffe und zur Schiffserkennung, die fast durchwegs aus dem offiziellen Archivbestand der U.S. Coast Guard und der U.S. Navy stammen.

Besonders bei den kleineren Booten und Fahrzeugen wird in der Beschreibung der Klassen auch stets die Verdrängung und Länge der Fahrzeuge in Fuß angegeben, zum einen um den Vergleich dieser oft recht ähnlichen Klassen zu erleichtern, zum anderen, weil die U.S. Coast Guard, wie gelegentlich auch die U.S. Navy, ihre Fahrzeugklassen selbst z.T. nach deren Länge in Fuß unterscheidet und benennt.

Nicht aufgenommen in dieses Buch wurden Zerstörer der *Paulding-*, *Cassin-*, *Tucker-* und *Clemson*-Klassen (Vier-Schornsteiner, CG) sowie Eagle-Boote (PE), die zeitweise in der U.S. Coast Guard dienten, viele der 1939 vom U.S. Lighthouse Service übernommenen zahlreichen älteren und sehr heterogenen Leuchtturm-Tender (WAGL) und Feuerschiffe (WAL), Wetterbeobachtungsschiffe (WAG), Tanker (WAO), Kabel-Reparaturschiffe (WARC) und sonstige unklassifizierte Hilfsschiffe (WIX) außer den Segelschulschiffen »Danmark« und »Eagle«. Darüber hinaus wurden nach dem Längenkriterium (65 Fuß ~ 20 Meter) der U.S. Coast Guard nicht als »Cutter/Kutter«, sondern als »Boote« klassifizierte sehr kleine Einheiten durchgängig nicht berücksichtigt. Nur in unserem Sprachgebrauch oder auch im Sprachgebrauch der U.S. Coast Guard selbst als »Boote« bezeichnete Einheiten über dieser kritischen Länge wurden dagegen mit aufgenommen.

Zur Farbgebung der Schiffe lässt sich sagen, dass nur in Kriegszeiten meist Grau über alles oder auch Tarnanstriche gefahren wurden. Im Frieden fuhren die Kutter meist mit weißem Rumpf, die Eisbrecher und Feuerschiffe mit rotem und die Schlepper und Tender etc. mit schwarzem, wobei die Aufbauten stets Weiß und Schornsteine, Masten und Kräne ocker/sonnengelb und die Schornsteinkappen schwarz gestrichen waren. Ab 1967 tragen die Kutter der U.S. Coast Guard an der Bordwand drei schräg von vorne oben nach achtern unten gemalte parallele Streifen in Rot/Weiß/Blau mit dem Siegelwappen der U.S. Coast Guard im vorderen deutlich breiteren roten Streifen.

2. Das Klassifikationssystem der U.S. Coast Guard

Die Identifikation der Schiffe der U.S. Coast Guard folgt seit der erneuten (zeitweisen) Unterstellung unter die U.S. Navy im Zweiten Weltkrieg 1941, ähnlich wie dort bereits seit 1920 und zuletzt 2014 aktualisiert, einem klaren Muster. Sie beginnt mit einem Kürzel für die Kategorie, die immer mit einem »W« beginnt, als klare Unterscheidung von Kategorien bzw. Schiffen der U.S. Navy. Dann folgt eine bis zu fünfstellige Zahl. Vor diese Buchstaben-Zahlenkombination, auch als Rumpfnummer/ Hull-Number bezeichnet, wird als Präfix die Bezeichnung »USCGC« (U.S. Coast Guard Cutter) gesetzt, dahinter folgt der Name des Schiffes.

Die Verwendung des Buchstabens »W« erfolgte vereinzelt bereits in den 1930er-Jahren, die Herkunft ist aber nicht mehr eindeutig nachvollziehbar: Sie könnte möglicherweise auf den Begriff »Watch« (Überwachung) zurückzuführen sein. Insgesamt ist das Thema der U.S. Coast Guard Klassifikation in der Fachliteratur nicht sehr umfassend aufgearbeitet, die intensivste Bearbeitung dazu findet sich im leider nur in Kleinstauflage veröffentlichten Werk von Jürgen Döscher: »Die Klassifikation für Schiffe der U.S.-Marine von 1920 bis 2000«, Hagen 2001, konkret im Anhang 7 (= Seiten 194–204).

Die Einordnung der Einheiten wird aber u.a. dadurch erschwert, dass die U.S. Coast Guard, anders als die US-Navy, die Nummern der Einheiten in den verschiedenen Kategorien nicht chronologisch nach der Indienststellung und oft nicht fortlaufend vergibt. Auch wird, gerade bei kleineren Einheiten, die Länge des Schiffs in Fuß der in der Regel dreistelligen Nummer vorangestellt.

Die Schiffe werden daher in diesem Buch in den einzelnen Abschnitten in der chronologischen Reihenfolge ihrer Indienststellung, unabhängig von ihrer Rumpfnummer (Kategorien-Kürzel & Kenn-Nummer) aufgelistet.

Häufig werden Kategorien z.T. mehrfach umbenannt, meist unter Beibehaltung der Nummer der Einheiten. Eine umfangreiche Umbenennung sehr vieler Kategorien erfolgte 1965/66, als man sich von der Analogie zu den Kategorie-Bezeichnungen der U.S. Navy löste.

Sehr häufig werden von der U.S. Coast Guard auch Traditionsnamen mehrmals wiederholt verwendet, auch für Schiffe anderer Kategorien, wenn auch nicht bei gleichzeitig in Dienst befindlichen Schiffen. Kutter von unter 100 Fuß (33 Meter) Länge erhielten erst ab 1964 Namen zusätzlich zu ihren Kenn-Nummern.

In diesem Buch werden Schiffe aus den folgenden Klassifikationskategorien der U.S. Navy bzw. der U.S. Coast Guard behandelt:

CG*	Küstenwacht Kutter/Coast Guard Cutter
CGC**	Küstenwacht Kutter, Patrouillenboot/Coast Guard Cutter, Patrol Boat
CGE***	Küstenwacht Kutter, Eagle-Klasse Patrouillen-Fahrzeug/Coast Guard Cutter, Eagle-Class Patrol Vessel
WAT	Küstenwacht Kutter, Hilfsschiff, Schlepper/Coast Guard Cutter, Auxillary, Tug
WATA	Küstenwacht Kutter, Hilfsschiff, Hilfs-Schlepper/Coast Guard Cutter, Auxillary, Tug, Auxillary
WATF	Küstenwacht Kutter, Hilfsschiff, Flotten-Schlepper/Coast Guard Cutter, Auxillary, Tug, Fleet
WAG	Küstenwacht Kutter, allgemeines Hilfsschiff/Coast Guard Cutter, Auxillary, General
WAGC	Küstenwacht Kutter, allgemeines Hilfsschiff, amphibisches Flaggschiff/Coast Guard Cutter, Auxillary, General, Amphibous Fleet Flag/Command Ship
WAGB	Küstenwacht Kutter, allgemeines Hilfsschiff, Eisbrecher/Coast Guard Cutter, Auxillary, General, (Ice) Breaker
WAGL	Küstenwacht Kutter, allgemeines Hilfsschiff, Leuchtturm-Tender/Coast Guard Cutter, Auxillary, General, Lighthouse Tender
WAGO	Küstenwacht Kutter, allgemeines Hilfsschiff, Vermessungsschiff /Coast Guard Cutter, Auxillary, General, Oceanographic Vessel
WAGW	Küstenwacht Kutter, allgemeines Hilfsschiff, Wetterbeobachtungsschiff /Coast Guard Cutter, Auxil-

lary, General, Weather Survey Ship

WAK Küstenwacht Kutter, Hilfsschiff, Frachter/Coast Guard Cutter, Auxillary, Cargo

WAL Küstenwacht Kutter, Hilfsschiff, Feuerschiff/Coast Guard Cutter, Auxillary, Lightship

WDE Küstenwacht Kutter Geleit-Zerstörer/Coast Guard Cutter, Destroyer Escort

WHEC Küstenwacht Kutter hoher Ausdauer/Coast Guard High Endurance Cutter

WIX Küstenwacht Kutter, unklassifizert/Coast Guard Cutter, Unclassified, Miscellaneous

WLB Küstenwacht Kutter, seegehender Bojen-Tender/Coast Guard Cutter, seagoing Buoy Tender

WLBB Küstenwacht Kutter, seegehender eisbrechender Bojen-Tender/Coast Guard Cutter, (ice-) breaking seagoing Buoy Tender

WLI Küstenwacht Kutter, Binnen-Bojen-Tender/Coast Guard Cutter, Buoy Tender, Inland

WLIC Küstenwacht Kutter, Binnen-Bau-Tender/Coast Guard Cutter, Inland Construction Tender

WLM Küstenwacht Kutter, mittelgroßer Bojen-Tender/Coast Guard Cutter, Buoy Tender, Medium

WLR Küstenwacht Kutter, Fluss-Bojen-Tender/Coast Guard Cutter, Buoy Tender, River

WLV Küstenwacht Kutter, Feuerschiff/Coast Guard Cutter, Light Vessel

WMEC Küstenwacht Kutter mittlerer Ausdauer/Coast Guard Medium Endurance Cutter

WMEH Küstenwacht Tragflügel-Kutter mittlerer Ausdauer/Coast Guard Medium Endurance Hydrofoil Cutter

WMSL Maritime Sicherheits Küstenwacht Kutter, groß/Coast Guard Maritime Security Cutter, Large

WMSM Maritime Sicherheits Küstenwacht Kutter, mittelgroß /Coast Guard Maritime Security Cutter, Medium

WOLE Küstenwacht Kutter, Offshore Gesetzesdurchsetzungs-Fahrzeug /Coast Guard Cutter, Offshore Law Enforcement Vessel

WPB Küstenwacht Kutter, Patrouillenboot/ Coast Guard Cutter, Patrol Boat

WPBH Küstenwacht Kutter, Tragflügel-Patrouillenboot/Coast Guard Cutter, Patrol Boat, Hydrofoil

WPC Küstenwacht Kutter, Patrouillenfahrzeug/Coast Guard Cutter, Patrol Craft

WPG Küstenwacht Kutter, Kanonenboot/Coast Guard Cutter, Gun Boat

WPR Küstenwacht Kutter, Fluss-Kanonenboot/Coast Guard Cutter, River-Gunboat

WPSC Polarer Sicherheits Küstenwacht Kutter/Polar Security Coast Guard Cutter

WSC Küstenwacht Kutter, U-Boot-Jäger/Coast Guard Cutter, Submarine Chaser

WSES Küstenwacht Kutter, Oberflächen-Effekt-Schiff/Coast Guard Cutter, Surface Effects Ship

WTGB Küstenwacht Kutter, eisbrechender Schlepper/Coast Guard Cutter, Tug, General, (Ice) Breaker

WTR Küstenwacht Kutter, Schulschiff/Coast Guard Cutter, Training

WYP Küstenwacht Kutter, Patrouillen-Yacht/Coast Guard Cutter, Patrol Yacht

WYPc Küstenwacht Kutter, Küsten-Patrouillen-Yacht/Coast Guard Cutter, Patrol Yacht, coastal

WYT Küstenwacht Kutter, Hafen-Schlepper/Coast Guard Cutter, Harbour Tug

WYTL Küstenwacht Kutter, großer Hafen-Schlepper/Coast Guard Cutter, Harbour Tug, Large

WYTM Küstenwacht Kutter, mittelgroßer Hafen-Schlepper/Coast Guard Cutter, Harbour Tug, Medium

YN Küstenwacht Kutter, Patrouillenboot/Coast Guard Cutter, Patrol Boat

Nicht aufgenommen in dieses Buch wurden einige Kategorien übernommener und meist älterer Schiffe:

CG*(DD) Küstenwacht Kutter, Zerstörer/Coast Guard Cutter, Destroyer

LV Küstenwacht Kutter, Feuerschiff/Coast Guard Cutter, Light Vessel

PE Küstenwacht Kutter, Eagle-Klasse Patrouillen-Fahrzeug/Coast Guard Cutter, Eagle Class Patrol Vessel

WAO Küstenwacht Kutter, Hilfsschiff, Tanker/Coast Guard Cutter, Auxillary, Oiler

WARC Küstenwacht Kutter, Hilfsschiff, Kabel-Reperatur-Schiff/Coast Guard Cutter, Auxillary, Repair, Cable

*«CG« war keine eigentliche funktionelle Kategoriebezeichnung, sondern wurde lediglich bei früheren oder kleineren Schiffen ohne definierte Kategorie-Zuordnung als Bestandteil der Rumpf-Nummer am Bug verbunden mit einer Zahl aufgemalt.

**«CGE« war die Bezeichnung für von der U.S. Navy übernommene ehemalige »Eagle« -Klasse Patrouillenfahrzeuge.

***«CGC« war eine spätere Kategorie-Bezeichnung für 83-Fuß Patrouillenboote, die noch nicht die erst 1953 eingeführte »WBP«-Kategorie-Bezeichnung erhielten, obwohl bei ihrer Indienststellung ab 1941 bereits »W«-Kategorien breit eingeführt waren.

Jedes Schiff, das in diesem Buch behandelt wird, wird grundsätzlich nur ein einziges Mal in einer einzigen Kategorie abgehandelt. Öfter wurden einzelne Schiffe durch die U.S. Coast Guard, auch ohne große Umbauten, anderen Einsatz-Rollen und somit Kategorien zugeteilt. Darauf wird aber jeweils besonders hingewiesen.

3. Anmerkungen zur Geschichte und Entwicklung des Schiffsbestandes der U.S. Coast Guard

Nach der Katastrophe des Untergangs der *Titanic* im Jahr 1912 wurde der U.S. Revenue-Cutter Service (RCS) auch an der internationalen Eis-Patrouille im Nordatlantik beteiligt. Nach Ausbruch des Ersten Weltkriegs in Europa 1914 erfolgten große Änderungen in der Organisationsstruktur des RCS.

3.1. Die US-Küstenwache im Ersten Weltkrieg

Am 28. Januar 1915 unterzeichnete Präsident Woodrow Wilson den »Coast Guard Act«, mit dem durch Zusammenlegung mit dem 1878 gegründeten U.S. Life-Saving Service mit dem U.S. Revenue-Cutter Service die moderne US-Küstenwache geschaffen wurde. Der vollständige Titel des Gesetztes lautete. »An act to create the Coast Guard by combining therein the existing Life-Saving Service and the Revenue-Cutter Service«. Darin heißt es, die Küstenwache werde weiterhin einen Teil der Streitkräfte der Vereinigten Staaten darstellen. Sie werde in Friedenszeiten unter der Aufsicht des Finanzministeriums (Treasury Department) operieren, jedoch in Kriegszeiten, oder wenn der Präsident dies anordnet, als Teil der Navy, unter den Anweisungen des Marineministers (SecNav), agieren.
Im Jahr 1915 übernahm die mit dem »Coast Guard Act«

Die Aufgaben der U.S. Coast Guard sind traditionell stark mit Aufgaben in der Polarregion verbunden. Hier eine Aufnahme von vier Kuttern des Revenue-Cutter Service im Rahmen der Bering Sea Patrol 1908, auf der Aleuten-Insel Unalaska. Die U.S. Coast Guard im modernen Sinn entstand erst durch den »Coast Guard Act« von 1915, also durch die Zusammenlegung des U.S. Revenue-Cutter Service mit dem Seerettungsdienst, dem U.S. Life-Saving Service.

frisch aufgewertete Küstenwache acht ältere Revenue Kutter vom Kanonenboot-Typ, von denen drei rasch wieder verkauft wurden. Daneben wurden u.a. weitere sechzehn neuere Revenue Kutter vom Kanonenboot-Typ, ein Fluss-Kanonenboot und acht Schlepper übernommen, die zunächst meist Rumpf-Nummern zwischen CG-1 und CG-23 erhielten. Zwei Kutter und zwei Schlepper wurden bald danach in Dienst gestellt und erhielten die Kennungen von CG-26 bis CG-30.
Die Kutter wurden meist speziell für ihre Einsatzgebiete angepasst angekauft bzw. gebaut, so z.B. für Einsätze in der atlantischen Arktis bzw. Alaska/Aleuten oder auf den Großen Seen. Daneben gab es die Stationen Nordostküste, Südostküste/Karibik, Golf von Mexiko und Westküste der USA.
Mit Eintritt der USA in den Krieg am 6. April 1917 unter Präsident Woodrow Wilson wurde die U.S. Coast Guard der U.S. Navy unterstellt, auf Basis eines kurz davor ergangenen Mobilisierungsbefehls (Mobilization order) von Marineminister (SecNav) Josephus Daniels, gestützt auf den Coast Guard Act. Das bedeutete erstmals in der Geschichte der Küstenwache den kompletten Transfer vom Treasury Department zum Department of the Navy. Unter dem Mobilisierungsplan blieben zwar manche Verwaltungszuständigkeiten unter der Kontrolle der Küstenwache und auch das Coast Guard-Hauptquartier behielt formal die administrative Kontrolle über Einheiten, aber die Marinebezirks- und Abschnittskommandeure (Navy District and Section Commanders) übernahmen die operative und taktische Kontrolle der Schiffe. Bei der Coast Guard blieben z.B. Verpflegungs- und Personalmaßnahmen, Gehaltszahlungen, Anwerbungen und Entlassungen, und auch kleinere disziplinarische Maßnahmen.
Die überwiegende Zahl der aktiven Kutter und Boote wurde operativ von der U.S. Navy bis 1919 übernommen und sie erhielten meist auch zusätzliche Bewaffnung, was in der Regel auch mehr Bedarf an Personal bedeutete. Die Coast Guard hatte bei US-Kriegseintritt 47 Kutter und 227 Boote und einen Personalstand von 223 Offizieren sowie etwas über 4.500 Mannschaften. Die Rekrutierung von Personal wurde im Krieg verstärkt fortgesetzt, 33 Kriegsschiffe der Navy und 25 Truppentransporter wurden mit Coast Guard Personal bemannt.
Sechs im April 1917 von der Navy übernommene U.S. Coast Guard-Kutter wurden ab August 1917 in Europa stationiert, konkret in Gibraltar, wo sie bis Oktober d.J. ankamen. Aufgabenstellung war vorwiegend der Geleitschutz für Konvois, die zwischen dem Mittelmeer und England verkehrten. Die sechs Einheiten (als Patrol Squadron Two bezeichnet) waren die *USCGC Algonquin*, *Manning*, *Ossipee*, *Seneca*, *Tampa* und *Yamacraw*.
Etwa 200 Mann der U.S. Coast Guard fielen während des Ersten Weltkrieges. Insgesamt fünf Kutter gingen verloren, drei durch Unfälle, zwei im Gefecht:
Am 6.8.1918 versenkte das deutsche Unterseeboot U-140 das Feuerschiff »Diamond Shoals« (LV-71) vor North Carolina, nachdem es die Sichtung des Bootes an Land übermittelt hatte, alle Besatzungsmitglieder wurden gerettet.
Am 26.9.1918 wurde der Kutter *USCGC Tampa* (ex *USRC Miami*) im Bristol Channel vor England durch das deutsche Unterseeboot UB-91 torpediert, nachdem er seinen Begleitdienst für den Konvoi HG-107 nach Milford Haven beendet hatte, alle 131 Besatzungsmitglieder kamen dabei ums Leben (darunter 4 Mann der US Navy, 16 der Royal Navy und 111 der US-Küstenwache). Es war mit Abstand der schwerste Verlust der U.S. Coast Guard im Ersten Weltkrieg. Es war aber auch der schwerste Verlust an Menschenleben eines US-Kriegsschiffes (die Coast Guard war ja der Navy unterstellt) in einem Gefecht während des Ersten Weltkrieges. Zwei Zerstörer der U.S. Navy wurden später nach dem Kommandanten, Captain Charles Satterlee, benannt.
Von den drei oben erwähnten Unfällen waren zwei auf Kollisionen zurückzuführen, diejenigen der *USCGC McCulloch* vor San Francisco und *USCGC Mohawk* vor New Jersey.
Erwähnenswert ist auch noch der Fall *USCGC Seneca*, der Kutter hatte 11 getötete Besatzungsmitglieder beim Versuch der Einbringung des torpedierten englischen Dampfers *Wellington* im September 1918 zu beklagen, als dieser in schwerer See sank.
Während des Krieges erfüllte die Küstenwache neben diesen Kampfeinsätzen auch weiter ihre traditionelle Mission in Form von Such- und Rettungsdiensten, Unterbindung von Schmuggel, Verfolgung bei Gesetzesverstößen im maritimen Bereich und im Bereich Hafensicherheit etc. Mehrere große Explosionsunglücke in US-kontrollierten Häfen zeigten hier die Notwendigkeit besserer Schutzmaßnahmen im Zuständigkeitsbereich der U.S. Coast Guard.

Coast Guard Kutter »Ossipee« aufgenommen um 1916, kurz nach der Fertigstellung.

3.2. Zwischenkriegszeit und Prohibition

Nach Kriegsende entbrannte eine politische Diskussion über den permanenten Verbleib der Coast Guard unter der Zuständigkeit der Navy, die sich im Krieg offenbar bewährt hatte. Auch viele Offiziere der Küstenwache waren dafür, manchen sahen aber auch den Nachteil, dass die »Identität« der Coast Guard als eigene Teilstreitkraft damit bald zur Unkenntlichkeit verwässert werden würde. Trotz konkreter Vorstöße per vorgelegten Gesetzesanträgen gab es im Kongress keine Mehrheit für den Verbleib beim Department of the Navy. Erst am 28. August 1919 wurde mit Präsident Wilsons »Executive Order 3160« die Coast Guard wieder dem Finanzministerium unterstellt. Der Personalstand betrug damals insgesamt etwa 3500 Mann.

Von der U.S. Navy erhielt die U.S. Coast Guard 1919 fünf »Eagle«-Klasse Patrouillen-Fahrzeuge, die Namen erhielten (von gefallenen Offizieren des *USCGC Tampa*) und ab 1922 verkauft bzw. zurückgegeben wurden. Bald nach dem Krieg wurden auch sechs weitere Schlepper erworben.

Mit der Einführung des Alkohol-Verbotes in den USA (National Prohibition Act) nahm ab 1920 die Bedeutung der U.S. Coast Guard stark zu und brachte ihr auch Zugang zu neuen Ressourcen für den Ausbau des Schiffsbestandes. Etwa 4000 Mann wurden zusätzlich aufgenommen. Die Küstenwache wurde zur wichtigsten Behörde für die Implementierung des Gesetzes auf See. Bald nach Beginn der »Prohibition« in den USA nahm der Alkohol-Schmuggel auf See (»Rum War«) solche Ausmaße an, besonders an der amerikanischen Ostküste, dass ab 1924 zusätzlich zwanzig Vier-Schornstein-Zerstörer (DD; »Four-Stackers«) von der U.S. Navy übernommen wurden, die zeitweise die Rumpfnummern CG-1 bis CG-20 erhielten, und zum Ende der Prohibition (alle bis 1934) an die Navy zurückgegeben wurden. Zeitgleich wurden 1924 bis 1925 insgesamt 202 Patrouillenboote von 74/75-Fuß zur Alkoholschmuggel-Bekämpfung in Dienst gestellt, von denen 51 noch vor dem Zweiten Weltkrieg an die U.S. Navy abgegeben wurden.

Anfang der 1930er-Jahre war der öffentliche Widerstand gegen die »Prohibition« so überwältigend geworden, dass der Kongress Anfang 1933 ein Gesetz verabschiedete, das Bier und Weine mit niedrigem Alkoholgehalt wieder legalisierte; im Dezember 1933 kam das 14-jährige Alkoholverbot dann zu einem Ende. Für die Coast Guard bedeutete dies einen erheblichen Bedeutungsverlust, gleichzeitig entfaltete sich die Weltwirtschaftskrise (Great Depression) und verlangte auch von der Küstenwache massive Einsparungen. Auch eine permanente Integration in die Navy stand wieder zur Diskussion, nun hauptsächlich aus Kostengründen, kam aber schließlich nicht zustande.

Die Schiffe der U.S. Coast Guard werden seit ihrer Gründung von 1790 und bis heute als Kutter (Cutter) bezeichnet, ein Ausdruck der bei uns eigentlich nur für verschiedene Boote und kleinere Schiffe verwendet wird. Von 1936-37 stellte die Coast Guard sieben große Kutter der »Treasury«-Klasse mit über 2000 ts Verdrängung in Dienst, hier ist das Typschiff WGP-31 »Bibb« zu sehen. Die Buchstabenreihe der Klassifikation beginnt in der Coast Guard stets mit einem »W«. Das Foto stammt aus den späten 1940er-Jahren.

Zu Kriegseintritt 1941 befanden sich noch 52 der 202 Patrouillenboote zur Alkoholschmuggel-Bekämpfung plus noch 15 weitere 78- bzw. 80-Fuß Patrouillenboote, die ab 1929 gebaut worden waren, im Dienst der U.S. Coast Guard. Von 1921 an, bis Kriegseintritt 1941, baute die U.S. Coast Guard zudem 22 moderne Kutter, die ab 1941 auch offiziell als Kanonenboote klassifiziert wurden. Im gleichen Zeitraum entstanden auch 50 Kutter, die nun ebenso offiziell als Patrouillenschiffe klassifiziert wurden und acht Schlepper.

Am 1. Juli 1939 wurde der U.S. Lighthouse Service mit der U.S. Coast Guard vereinigt. Diese erhielt vom Lighthouse Service u.a. 26 Feuerschiffe und 66 Leuchtturm- bzw. Bojen-Tender. 14 weitere Leuchtturm- bzw. Bojen-Tender wurden bis Kriegseintritt neu gebaut. Die U.S. Coast Guard war jetzt auch für die Setzung und Wartung der Seezeichen an den Küsten und auf den Binnengewässern der USA zuständig.

3.3. Die US-Küstenwache im Zweiten Weltkrieg

Nach Kriegsbeginn in Europa im September 1939 war die offiziell wichtigste Aufgabe die Implementierung der amerikanischen Neutralitätsgesetze. Inhaltlich die bedeutendste war vorerst der Schutz der amerikanischen Interessen in Grönland, wobei die vorherrschende Sorge war, dass Deutschland Grönland besetzen und sich direkt nördlich der Schifffahrtsrouten an der US-Ostküste etablieren könnte.
Im Juni 1941 wurden auf Weisung des Präsidenten über 2000 Angehörige der U.S. Coast Guard der Navy unterstellt, dazu im Laufe des Jahres auch einige Fahrzeuge und Einrichtungen.
Im Herbst 1941 bereitete Präsident Franklin D. Roosevelt die Übernahme der U.S. Coast Guard durch die U.S. Navy vor, die mit Executive Order 8929 des Präsidenten vom 1. November 1941 erfolgte. Die Unterstellung unter die Navy kam damit fünf Wochen vor dem japanischen Angriff auf die US-Pazifikflotte in Pearl Harbor am 7. Dezember 1941.
Im Dezember 1941 hatte die U.S. Coast Guard einen Personalstand von ca. 30.000 Mann und unterhielt 168 Kutter, 39 Feuerschiffe und zahlreiche andere kleine Fahrzeuge in ihrer Flotte. Im Zweiten Weltkrieg wuchs die Zahl der schwimmenden Fahrzeuge von über 65 Fuß (ca. 20 m) Länge, d.h der größeren Einheiten, auf 802 an, dazu kamen etwa 8000 kleinere Fahrzeuge. Die Coast Guard rekrutierte zudem umfangreiches Personal über die eigenen Strukturen, der Personalstand wuchs deshalb ebenfalls dramatisch, auf etwas über 175.000 Mann in Uniform, bei einer Gesamtzahl von etwa 250.000, d.h. Zivilpersonal inklusive. Die U.S. Coast Guard stellte mit ihren uniformierten Männern die Besatzungen für 351 größere Kriegs- und Hilfsschiffe der U.S. Navy, zahlreiche kleine Landungsboote sowie für 288 Landungs- und Transportschiffe der U.S. Army.
An Kampfschiffen waren im Zweiten Weltkrieg die größten Einheiten Geleit-Zerstörer der Navy, die mit teilweise kompletten Coast Guard-Besatzungen fuhren, nicht aber größere Kampfschiffe wie Flotten-Zerstörer oder Kreuzer und darüber.
31 Geleit-Zerstörer (DE) hatten Besatzungen der U.S. Coast Guard, dazu 75 Fregatten (PF), des Weiteren fuhren 60 Transportschiffe bzw. amphibische Transportschiffe der U.S. Navy mit U.S. Coast Guard-Personal (15 AK, 5 AKA, 9 APA und 31 AP); es waren dies die größten Einheiten mit CG-Besatzungen, das größte Schiff war die 1931 bei New York Shipbuilding vom Stapel gelaufene USS *Wakefield* (AP-21) mit 33,560 ts (full load) und 215 m Länge. Dazu kamen an Landungsschiffen 76 große Panzer-Landungsschiffe vom Typ LST (Landing Ship Tank), 28 große Infanterie-Landungsboote vom Typ LCI(L), dazu in großer Zahl kleinere Landungsfahrzeuge und diverse weitere Hilfsschiffe, darunter 21 Tanker. Und darüber hinaus bemannte die CG mehr als 800 eigene Kutter.
Die Aufgaben der Küstenwache waren vielfältig, inklusive verschiedener Kampfeinsätze, Geleitschutz an der amerikanischen Küste und auch im Atlantik (der U.S. Coast Guard wird

Der Coast Guard Kutter »Duane« (WPG-33) beim Wurf einer Wasserbombe im Rahmen des Einsatzes im Atlantik 1943/44.

Der Kutter »Ingham« (WPG-35) in schwerer See beim Geleitschutz im Atlantik während des Zweiten Weltkrieges.

die Versenkung von ca. zwölf deutschen U-Booten angerechnet) und in Übersee, dazu aber auch klassische Aufgaben wie Seenotrettung, Sicherheit auf See, Hafensicherheit, Küsten- und Strandpatrouillen etc.

Durch die weitgehende Integration in die Navy im Krieg ist eine separate Darstellung der Kampfeinsätze der Coast Guard oft schwierig und auch nicht immer sinnvoll, da bei vielen Operationen oft nur am Rande angemerkt wird, dass einige der Navy-Schiffe mit Coast Guard-Personal bemannt waren. Auch äußerlich waren diese Schiffe dabei nicht als Einheiten der Küstenwache klar gekennzeichnet bzw. unterschiedlich bemalt, wie in Friedenszeiten üblich.

Die U.S. Coast Guard ließ im Zweiten Weltkrieg u.a. 13 Kutter vom Kanonenboot-Typ, 8 große Eisbrecher, 229 Patrouillenboote und 14 Leuchtturm- bzw. Bojen-Tender bauen. Im Krieg wurden zudem 5 zivile Kutter vom Kanonenboot-Typ und 58 vom Yacht-Typ requiriert, größtenteils umgebaut und bewaffnet.

Insgesamt zehn Kutter der U.S. Coast Guard gingen während des Krieges verloren.

Die mit 1. November 1941 erfolgte Unterstellung unter die U.S. Navy endete erst mit 31. Dezember 1945 und sie kam ab 1. Januar vorerst wieder ans Finanzministerium (Department of the Treasury).

Der 378 Fuß-High Endurance Cutter »Boutwell« (WHEC-719) der »Hamilton«-Klasse auf einem Foto aus Schanghai in China 2007. Diese Nachkriegsbauten (Stapelläufe ab 1968) waren die größten USCG-Kutter im Bereich der Kampfschiff-Typen.

3.4. Übernahmen und Neubauten in der Nachkriegszeit

Nach dem Zweiten Weltkrieg übernahm die U.S. Coast Guard, zum Teil nur vorübergehend, zahlreiche Kriegsbauten der U.S. Navy, so 18 kleine Seeflugzeug-Tender der *Barnegat*-Klasse, 12 Geleitzerstörer der *Edsall*-Klasse, 8 Flotten-Schlepper der *Navajo*-Klasse, 3 Bergungs-Schlepper der *Diver*-Klasse. 7 große Eisbrecher der »Wind«-Klasse wurden dagegen 1952 an die U.S. Navy übergeben, sie kamen 1966 an die U.S. Coast Guard zurück, ebenso wie die nach dem Krieg für die Navy gebaute *USCGC Glacier*. Zudem wurden 142 Patrouillenboote und 15 große Hafenschlepper zwischen 1953 und 1970 für die U.S. Coast Guard neu gebaut. Ab Mitte der 1960er-Jahre kamen dann die ersten größeren Neubauten für die U.S. Coast Guard in Dienst, die jetzt sofort den neuen Kategorien der Medium bzw. High Endurance Cutter zugeordnet wurden: 12 Kutter mit hoher Ausdauer, zwei Klassen von Kuttern mit mittlerer Ausdauer mit 16 bzw. 13 Einheiten. Dazu kamen bis Mitte der 1980er-Jahre 49 größere neue Patrouillenboote, 2 große Eisbrecher, 9 eisbrechende Schlepper, und 4 kleinere Surface Effects Ships (Oberflächeneffektschiff bzw. Seitenwand-Luftkissenfahrzeug). Zwei Tragflügel-Schnellboote wurden kurzzeitig zu Versuchszwecken von der U.S. Navy übernommen.

Ende der 1990er-Jahre stellte die CG 73 neue Patrouillenboote, 16 große und 14 mittlere Bojen-Tender und einen großen Eisbrecher in Dienst. Zwischen 1998 und 2011 befanden sich sieben Patrouillenfahrzeuge der *Cyclone*-Klasse der U.S. Navy zeitweise im Dienst der U.S. Coast Guard. Seit dem Jahr 2010 befinden sich für die U.S. Coast Guard 64 Patrouillenfahrzeuge, und seit 2018 je 11 große und mittlere sogenannte Maritime Security Cutter (Maritime Sicherheits-Kutter) im Dienst, im Zulauf oder im Bau. Ein großer Polar Security Cutter wurde 2021 geordert, zwei weitere sind geplant. Das sogenannte »Polar Security Cutter Program« reagiert u.a. auf die zunehmende Bedeutung der Arktis durch die Erderwärmung, auch Russland und China bauen zunehmend moderne Eisbrecher. Ein neuer, moderner U.S. Coast Guard-Eisbrecher ist in Bau und wird »Polar Sentinel« heißen, wie Admiral Karl L. Schultz, damaliger Kommandant der Küstenwache, im Februar 2022 mitteilte, aber die Auslieferung des Schiffes wird sich bis mindestens Mai 2025 verzögern. Die Klasse soll drei Einheiten umfassen.

USCGC »Bertholf« (WMSL-750) mit der »Vorovsky«, einem Schiff der russischen Küstenwache, in Kodiak, Alaska im April 2011. Aufgenommen bei einem der halbjährlichen Treffen des zuständigen 17. Küstenwach-Bezirks der USCG (Alaska) mit der russischen Nordost-Grenzdirektion, um die Arbeit entlang der amerikanischen und russischen Seegrenzlinien im Beringmeer zu koordinieren.

3.5. Wechselnde Zuständigkeiten nach dem Zweiten Weltkrieg

Trotz des bedeutsamen und wichtigen Beitrages der Coast Guard im Zweiten Weltkrieg wurde in der U.S. Navy die künftige Rolle dahingehend hinterfragt, ob ein derartiges Aufblähen einer Organisation (Personalstand total 250.000 im Zweiten Weltkrieg!), die in Kriegszeiten ohnehin in die Navy integriert ist, wirklich Sinn ergibt. In einer Denkschrift 1947 schlug der Chief of Naval Operations (CNO), Chester W. Nimitz vor, dass die Küstenwache in künftigen Konflikten ihren Beitrag auf die grundsätzlichen Kernaufgaben in Friedenszeiten beschränken sollte. Er war damals führender Kopf einer großangelegten

Eisbrecher sind die größten Schiffe der Coast Guard, die arktischen und auch antarktischen Gewässer sind sehr wichtige Einsatzbereiche für die U.S. Küstenwache. Hier die USCGC »Healy« (WAGB-20), mit über 16.000 ts größter Eisbrecher und zugleich Forschungsschiff, seit 1999 in Dienst. Links der kanadische Eisbrecher »Louis S. St-Laurent«, die Aufnahme stammt vom September 2009. Anders als Russland verfügen die USA nicht über nukleargetriebene Eisbrecher. Zur weiteren Entwicklung der Nordost-Passage als mögliche Transitroute zwischen Europa und Fernost, im Zuge des Klimawandels, modernisiert und erweitert Russland gegenwärtig seine Flotte an Eisbrechern sehr stark, inklusive neuer Nukleareisbrecher. Ein neuer, moderner Eisbrecher ist in Bau und wird USCGC »Polar Sentinel« heißen, die Auslieferung des Schiffes wird sich bis mindestens Mai 2025 verzögern. Die Klasse soll drei Einheiten umfassen, die Bezeichnung lautet Polar Security Cutters (PSC).

Die Schiffe der USCG operieren routinemäßig auch gemeinsam mit der U.S. Navy. Hier der Lenkwaffen-Zerstörer USS »Sampson« (DDG-102) der »Arleigh Burke«-Klasse, die Lenkwaffen-Fregatte USS »Ford« (FFG-54) der »Oliver Hazard Perry«-Klasse und USCG »Rush« (WHEC-723) beim pazifischen Großmanöver RIMPAC 2010.

Reform zur Abrüstung und Umstrukturierung der Navy. Sein Vorschlag besagte im Kern mit Blick auf die U.S. Coast Guard: »War time functions and duties assigned should be those which are an extension of normal peacetime tasks«. Personal, Schiffe, Flugzeuge und Einrichtungen der Küstenwache sollten demnach als solche organisiert eingesetzt werden, anstatt sie wahllos (»undiscrimineted«) in die Einrichtungen der Navy zu integrieren. An diesem Ansatz wurde nach dem Krieg grundsätzlich auch festgehalten.

Ab 1946 waren auch Einheiten der U.S. Coast Guard beim Aufbau einer Küstenwache in Südkorea beteiligt, aus der sich später die Marine der Republik Korea entwickelte. Einheiten der Küstenwache waren dann auch 1950-1953 im Koreakrieg im Einsatz, allerdings in beschränktem Umfang. Sie übernahmen Überwachungsaufgaben an der koreanischen Küste und diverse logistische Aufgaben; zwar waren sie dabei operativ der U.S. Navy unterstellt, aber die Coast Guard als solche blieb trotz des Krieges als eigenständigen Teilstreitkraft dem Finanzministerium unterstellt.

Dieser Zustand bleib auch im Vietnamkrieg 1960-1975 so bestehen, an dem über 30 Einheiten der U.S. Coast Guard für die Überwachung der vietnamesischen Küste herangezogen wurden und wieder diverse logistische Missionen von der Küstenwache durchgeführt wurden. Auch diese Einheiten waren dabei operativ und taktisch der U.S. Navy unterstellt, die U.S. Coast Guard blieb als eigenständigen Teilstreitkraft aber unter der Ägide des Finanzministeriums; allerdings nur bis 1967. Präsident Lyndon B. Johnson transferierte im Jahr 1967 die U.S.

Eine wichtige Aufgabe der USCG sind sogenannte Maritime Interdiction Operations (MIOs) zur Unterstützung der UN-Sanktionen. Hier geht der Kutter »Boutwell« (WHEC 719) der US-Küstenwache neben einem Container-Frachtschiff im Arabischen Meer im Februar 2003 in Position, um ein Enterkommando abzusetzen. In der USCG werden diese VBSS-Teams genannt (Visit, Board, Search and Seizure).

Die neue USCGC »Hamilton« (WMSL-753), Stapellauf 2013 und Indienststellung 2014, ist der vierte Kutter der Legend-Klasse, der größten wichtigsten Klasse an Coast-Guard-Schiffen, die als Ersatz der WHEC der »Hamilton«-Klasse dient. Die Aufnahme stammt aus der Naval Station Rota in Spanien vom April 2021. Rechts liegen Boote der spanischen Küstenwache.

Coast Guard vom Finanz- zum Transport- bzw. Verkehrsministerium (Department of Transport). Bereits 1966 hatte er seine Absicht angekündigt, ein neues Gesetz zur Schaffung eines Federal Departments (Ministeriums) anzustreben, in dem alle verkehrsbezogenen bundesstaatlichen Aktivitäten gebündelt und überwacht werden sollten. Die Küstenwache sollte ausdrücklich ein wichtiger Teil davon werden. Finanzminister Henry H. Fowler versuchte massiv, Widerstand gegen diese Idee zu leisten, musste aber nachgeben, nachdem sich auch die U.S. Coast Guard selbst dem Plan nicht länger widersetzte. Bei der U.S. Coast Guard war man zwar auch vorerst nicht begeistert von dieser Transfer-Idee, aber das Weiße Haus hatte zu verstehen gegeben, dass die Alternative wohl die administrative Zerschlagung der U.S. Coast Guard wäre, d.h. dass sie alle Funktionen im Zusam-

USCGC »Douglas Munro« (WHEC-724), früher (ohne Vornamen) nur Munro (WHEC-724) der »Hamilton«-Klasse, benannt nach Signalgast Douglas A. Munro (1919–1942), dem einzigen Träger der Medal of Honor in der USCG, in einer Aufnahme aus Yokosuka in Japan 2017. Man beachte das moderne 7,6-cm-Geschütz von Oto Melara als Ersatz für das ältere 12,7-cm-Geschütz und das Phalanx CIWS zur Nahbereich-Lenkwaffenabwehr am Heck.

Zu Besuch in Wladiwostok 1992: USCGC »Chase« (WHEC-718) der »Hamilton«-Klasse, davor die russische Fregatte »Orel« der »Krivak III«-Klasse, dahinter eine US-Fregatte der »Oliver Hazard Perry«-Klasse, die USS »McClusky« (FFG-41).
WHEC-718 »Chase« war im Jahr 1989 vorübergehend außer Dienst gestellt und bei Bath Ironworks in Portland, Maine, dem umfangreichen Flottenrehabilitierungs- und Modernisierungsprogramm FRAM unterzogen worden. Es erfolgten wesentliche Verbesserungen im Bereich fast aller Waffen- und Elektroniksysteme, ca. 75 Prozent der Bordelektronik wurden ersetzt oder substantiell modifiziert, auch der Komfort für das Leben an Bord wurde deutlich verbessert. Im März 1991 wurde WHEC-718 »Chase«, nach Abschluss von FRAM, wieder in Dienst gestellt und wurde danach im neuen Heimathafen San Pedro, CA stationiert, von wo aus 1992 der Besuch bei der russischen Pazifikflotte in Wladiwostok erfolgte. Im Jahr 2011 wurde das Schiff außer Dienst gestellt und der nigerianischen Marine übergeben, die es 2012 als Fregatte »Thunder« in Dienst stellte.

menhang mit der maritimen Verkehrs- und Transportsicherheit verlieren würde, wenn sie im Finanzministerium verbliebe.
Der damalige Kommandant der U.S. Coast Guard, Admiral Edwin J. Roland, fürchtete, dass weiterer Widerstand wahrscheinlich zur de facto-Auflösung der Küstenwache führen könnte und beschloss, den Fokus ganz auf den Erhalt der Identität der Küstenwache als ein eigenständiger militärischer Dienst der Vereinigten Staaten zu legen, egal unter welchem Ministerium. Auch die U.S. Navy schloss sich schließlich dieser Strategie an und akzeptierte den Wechsel ebenfalls.

Der Personalstand lag zum Zeitpunkt des Wechsels bei ungefähr 35.000 Mann in Uniform.
1984 gab es eine Vereinbarung des amerikanischen Verteidigungsministeriums mit dem Verkehrsministerium, welches die U.S. Coast Guard bereits in Friedenszeiten stärker in die Territorialverteidigung der USA einbindet. Sie erhielt dabei u.a. eine formelle Zuständigkeit für U-Boot-Abwehr, Minenabwehr und den Geleitschutz in einer 200 Seemeilen breiten Maritime Defence Zone.

USCGC »Mellon« (WHEC-717) und das Docklandungsschiff USS »Tortuga« (LSD-46) im Jahr 2010 beim Manöver Naval Engagement Activity (NEA) vor Indonesien.

Im Vergleich zu Flugzeugträgern sind natürlich auch die großen CG-Kutter der »Hamilton«-Klasse relativ klein, hier die USS »Carl Vinson« (CVN-70) mit USCGC »Mellon« (WHEC-717) vor San Diego 2014.

3.6. Umstrukturierungen nach den Terroranschlägen von 9/11

Eine weitere wichtige Aufgabe der USCG ist die Bekämpfung des Drogenschmuggels, besonders aus Lateinamerika. Sehr häufig werden dafür heute primitive Tauchboote verwendet, die vom Radar nicht oder schwer erfasst werden können, sogenannte SPSS (Self-propelled semi-submersible vessel). Hier USCGC »John Midgett« (WHEC-726) im Januar 2011, mit einem aufgebrachten SPSS mit ca. 6000 kg Kokain vor Costa Rica.

Das Foto zeigt die Aufbringung eines SPSS (Self-propelled semi-submersible vessel) zum Drogenschmuggel im Juli 2015 durch ein Beiboot der USCGC »Stratton« (WMSL-752), einem modernen Kutter der Legend-Klasse.

Nach dem Finanzministerium (1946-1967) und dem Verkehrsministerium (1967-2003) folgte ab 2003 nochmals ein Wechsel der Zuständigkeit, nämlich die Eingliederung der U.S. Coast Guard in das neue Department of Homeland Security, als direkte Folge der Anschläge vom 9. September 2001.

Als eine der Reaktionen auf diese Anschläge hatte Präsident George W. Bush die Einrichtung eines neuen mächtigen Ministeriums angekündigt, das zentral alle Aktivitäten zur inneren Sicherheit der Vereinigten Staaten koordinieren würde. Gegründet am 25. November 2002, auf Basis des »Homeland Security Acts«, sog dieses neue »Super-Ministerium« insgesamt 22 bestehende, teils sehr verschiedene Federal Agencies (Bundesbehörden) in sich auf. Hauptaufgabe des neuen Ministeriums, das auf Deutsch meist als »Ministerium für Innere Sicherheit« oder »Heimatschutzministerium« bezeichnet wird, ist der Schutz der amerikanischen Bevölkerung und des US-Staatsgebietes vor terroristischen und sonstigen Bedrohungen. Bei der Gründung wurde folgendes Mission-Satement veröffentlicht: »The mission of the Office will be to develop and coordinate the implementation of a comprehensive national strategy to secure the United States from terrorist threats or attacks. The Office will coordinate the executive branch's efforts to detect, prepare for, prevent, protect against, respond to, and recover from terrorist attacks within the United States.«

Es ist im internationalen Vergleich zwar ein klassisches Innenministerium, aber nicht mit dem U.S. Department of the Interior (Innenministerium) zu verwechseln, das mehr für Verwaltung und Schutz der bundeseigenen Interessen und des Besitzstandes verantwortlich ist, wie Land-Management, geographische und geologische Erfassungen, Rohstoffe, Nationalparks, Angelegenheiten der Indianer etc.

Ursprünglich sollten sogar FBI und die CIA dem neuen Department of Homeland Security unterstellt werden, davon wurde aber schließlich Abstand genommen, der U.S. Secret Service wurde aber darin integriert. Das Ministerium umfasst auch so heute etwa 240.000 Mitarbeiter, von Zoll, Cybersecurity, Personenschutz, Flughafensicherheit bis Katastrophenschutz-Koordination etc.

Anfang der 2020er-Jahre waren ständig Patrouillenfahrzeuge der U.S. Coast Guard im Persischen Golf stationiert. Sie waren bzw. sind dabei natürlich operativ und taktisch wieder der U.S. Navy unterstellt, aber die Coast Guard als solche blieb auch hier als eigenständigen Teilstreitkraft dem Department of Homeland Security unterstellt.

Aufgrund der aktuellen rechtlichen Stellung wird gegenwärtig damit gerechnet, dass die Coast Guard auch in einem neu-

Ein Beiboot vom Typ LRI (Long Range Interceptor) des Kutters USCGC »Bertholf« (WMSL-750) wird an Bord genommen; Aufnahme von 2009.

erlichen großen Krieg nicht mehr formell der Navy unterstellt würde, sondern in diesen administrativ-rechtlichen Strukturen eingebettet bliebe, wie das grundsätzlich seit dem Koreakrieg 1950-1953 schon praktiziert wurde.

Die USCG verfügt auch tief im Binnenland über einige sehr kleine Bootstypen. Hier ein propellergetriebenes 20-Fuß-Boot im Einsatz in Harwood, North Dakota 2010. Diese Airboats (Luftboote) werden in der Region der Großen Seen u.a. für Eisrettungen eingesetzt.

3.7. Aufgabenstellung der U.S. Coast Guard heute

Die Küstenwache ist zuständig für die Abwehr potenzieller Bedrohungen an Amerikas Küsten, Häfen und Binnenwasserstraßen, und damit für verschiedene Operationen im Bereich Hafensicherheit, Hafenverteidigung und Küstenkriegsführung. Sie definiert sich heute als eine »Multi-mission Force«. Insgesamt zeichnet sie für 11 offizielle »Missionen«, d.h. Aufgabenstellungen, verantwortlich:

1 Hafen- und Wasserstraßensicherheit (inklusive Anti-Terrorism & Counter-Terrorism)
2 Drogenabwehr (Bekämpfung von Drogenschmuggel am Seeweg)
3 Navigationshilfe für die Seefahrt (inklusive Seezeichen- und Leuchtfeuer-Setzung)
4 Suche & Rettung (SAR/Seenotrettung)
5 Schutz lebender Meeresressourcen (in der ausschließlichen Wirtschaftszone, Exclusive Economic Zone von 200 Seemeilen)
6 Marine Safety (Unfallvermeidung, Schutz der Wirtschaftswasserstraßen und der Meeresumwelt)
7 Abwehrbereitschaft (eine komplexe Aufgabenstellung mit vier großen nationalen Verteidigungsmissionen: 1.) Maritime Abfangoperationen, 2.) Hafenschutz/Sicherheit und Verteidigung, 3.) Operationen in Friedenszeiten und 4.) Operationen zur Umweltverteidigung
8 Migrant Interdiction (Migrantenabwehr, im Sinne von Implementierung der amerikanischen Einwanderungsgesetze auf See)
9 Meeresumweltschutz (Schutz des empfindlichen Ökosystems der Ozeane, Überwachung des Meeresumweltschutzprogramms, Abwehr invasiver Arten in die Meeresumwelt; Bekämpfung von Öl- und Chemikalien-Verschmutzungen etc.)
10 Eisoperationen (Freihaltung der Wasserstraßen durch Eisbrechen an den Küsten, in den Polargebieten, aber auch im Bereich der Großen Seen – die USCG unterhält auch die einzigen schweren Eisbrecher unter US-Flagge, die ganzjährig Zugang zu den beiden Polarregionen bieten können
11 Law Enforcement (Strafverfolgung bei Gesetzesverstößen im maritimen Bereich, Schutz der Integrität der Seegrenzen des Landes, Verhindern des Eindringens illegaler ausländischer Fischereifahrzeuge in die ausschließliche Wirtschaftszone etc.)

Links: Beiboote spielen in der Aufgabenstellung der Coast Guard eine unverzichtbare Rolle. Hier ein großes Beiboot vom Typ LRI (Long Range Interceptor) des Kutters USCGC »Bertholf« (WMSL 750) beim Manöver Arctic Shield 2012.
Mitte: Ein 23-Fuß-Beiboot des Kutters USCGC »Gallatin« (WHEC-721) beim Einsatz in der Karibik im Januar 2008. Die Beiboote können vielfältig für Strafverfolgungs-, Such- und Rettungszwecke eingesetzt werden.
Rechts: Ein Beiboot vom Typ OTH-IV (»Over The Horizon-IV«) mit 26 Fuß Länge, 40 Knoten Geschwindigkeit und 70 SM Reichweite; der Typ ist seit 2013 bei der USCG in Dienst. Es kehrt hier auf das Mutterschiff, den Kutter USCGC »Stratton« (WMSL-752) zurück.

Ein Beiboot von USCG »Gallatin« (WHEC-721) bringt eine aufgebrachte Kokakin-Ladung zum Mutterschiff, aufgenommen bei der Operation Martillo vor Miami im Juni 2013.

Ein USCG-Angehöriger des Maritime Safety and Security Team 91105 in Alameda, Kalifornien bewacht im April 2007 eine aufgebrachte Ladung von 20 Tonnen Kokain, die bei Einsätzen vor Mittelamerika beschlagnahmt wurden. Im Hintergrund der Kutter USCGC »Sherman« (WHEC-720).

3.8. Geographische Distrikte der Zuständigkeit

Die Küstenwache ist in die Zuständigkeitsbereiche (Maritime Homeland Defense Areas) Atlantik und den Pazifik geteilt, die jeweils von einem Vizeadmiral kommandiert werden. Dazu gehören als Sub-Gliederung verschiedene Distrikte. Das Atlantikgebiet umfasst fünf Distrikte, die den Osten der Vereinigten Staaten, den Atlantischen Ozean und den Golf von Mexiko abdecken. Der Hauptsitz befindet sich in Portsmouth, Virginia.

Das Pazifikgebiet umfasst vier Distrikte, die den Westen der Vereinigten Staaten und den Pazifischen Ozean abdecken. Der Hauptsitz befindet sich in Alameda, Kalifornien.

Die Küstenwache ist noch in weitere Distrikte gegliedert, die von einem Distriktkommandanten, einem Ein- oder Zwei-Sterne-Konteradmiral, kommandiert werden.

Außerhalb der Vereinigten Staaten gibt es zwei sogenannte »Hauptaktivitäten«; Fernost und Europa: USCG Activities Far East (FEACT) befindet sich auf der Yokota Air Base in Japan und USCG Activities Europe (ACTEUR) hat seinen Sitz in Rotterdam in den Niederlanden.

Nicht alle historisch gewachsenen Zuständigkeits-Distrikte der U.S. Coast Guard sind momentan aktiv, es gibt derzeit nur neun Distrikte, die höchste Laufnummer ist jedoch 17:

- First District, Atlantic; District Office Boston, Massachusetts: New England states, eastern New York, and northern New Jersey
- Fifth District, Atlantic; District Office Portsmouth, Virginia: Pennsylvania, southern New Jersey, Delaware, Maryland, Virginia, and North Carolina
- Seventh District, Atlantic; District Office Miami, Florida: South Carolina, Georgia, eastern Florida, Puerto Rico, and the U.S. Virgin Islands
- Eighth District, Atlantic; District Office New Orleans, Louisiana: Inland waters of the U.S. and the Gulf of Mexico
- Ninth District, Atlantic; District Office Cleveland, Ohio: Great Lakes
- Eleventh District, Pacific; District Office Alameda, California: California, Arizona, Nevada, and Utah
- Thirteenth District, Pacific; District Office Seattle, Washington: Oregon, Washington, Idaho and Montana
- Fourteenth District, Pacific; District Office Honolulu, Hawaii: Hawaii and Pacific territories
- Seventeenth District, Pacific; District Office Juneau, Alaska: Alaska

Ein Eurocopter-Hubschrauber vom Typ MH-65 Dolphin, von dem über 100 Stück bei der USCG im Einsatz sind, im Februar 2015 vor der Landung am Kutter »Boutwell« (WHEC-719) im Pazifik.

Neben Beibooten spielen auch Bordhubschrauber eine wichtige Rolle bei Einsätzen von Kuttern der USCG. Hier der Coast Guard Kutter »Munro« (WHEC-724) bei der Betankung eines nicht gelandeten Hubschraubers vom Typ MH-65 Dolphin, während einer Patrouille in der Beringsee im Feber 2016.

Der Kutter »Boutwell« (WHEC-719) in einem gemeinsamen Manöver mit einem Schiff der südkoreanischen Küstenwache im Vordergrund. Das Foto stammt vom 21. August 2007.

USCGC »Sea Devil« (WPB-87368) der Marine Protector-Klasse, gemeinsam mit dem Kutter »Boutwell« (WHEC-719) vor San Diego im April 2008. Bei kleinen Kuttern mit langen Nummern geben in der USCG die ersten beiden Zahlen in der Regel die Länge in Fuß an (jedoch mit Ausnahmen).

USCGC »Morgenthau« (WHEC-722) und das chinesische Küstenwachschiff mit Nr. 2102 fahren während der Überführung eines Fischereifahrzeugs im Nordpazifik am 3. Juni 2014 nebeneinander, im Rahmen der Operation North Pacific Guard, als Bestandteil einer multilateralen Fischerei-Strafverfolgungsübung. Sie dient der Aufdeckung und Abschreckung illegaler und unregulierter Fischereitätigkeiten.

Die USCG verfügt über eine Fülle von Klein- und Kleinstfahrzeugen. Hier ein 24 Fuß SPC-SW (Special Purpose Craft - Shallow Water) am Elizabeth River bei Portsmouth, Va., 2008, daneben das damals völlig neue 45 Fuß-RBM (Response Boat, Medium) mit Kennung 45601, das in erster Linie der Seenotrettung dient.

3.9. Bordgestützte Waffensysteme der U.S. Coast Guard

Anders als die traditionellen Küstenwachen anderer Staaten sind U.S. Coast Guard Cutters mit modernen Waffensystemen ausgerüstet, wie sie sonst nur vollwertige Kriegsschiffe verwenden. Fix installierte Luftabwehr-Lenkwaffensysteme gehören allerdings nicht zum Bestand der bordgestützten Waffensysteme der U.S. Coast Guard, dafür aber moderne Marinegeschütze, die auch von der U.S. Navy verwendet werden.

Die Kutter der *Hamilton*-Klasse waren zeitweise auch mit Lenkwaffen-Startanlagen für Harpoon-Flugkörper zur Schiffsbekämpfung (2 x 4 Mk 141) und mit Torpedos zur Bekämpfung von Unterseebooten (2 x 3 Mk 32) ausgestattet. Gegenwärtig sind folgende Waffensysteme in Verwendung:

- Das Oto Melara 76/62-Geschütz, ein ursprünglich von Italien entwickeltes radar- und computergesteuertes, vollautomatisches Schiffsgeschütz mit Kaliberlänge 62, das auf Medium Endurance Cutters verwendet wird.
- Das 57-mm-Geschütz Mk 110, eine radar- und computergesteuerte Variante der 57-mm-Mehrzweckgeschützes von Bofors. Es wird auf den Kuttern der »Legend«-Klasse verwendet und ist zur Schiffs-, Flugzeug- und Kurzstrecken-Lenkwaffenabwehr fähig.

Das kleinere, aber viel moderne 76-mm-Geschütz Mk 76 von Oto Melara löste auch in der Coast Guard die 127-mm-Geschütze ab, so wie auch in der U.S. Navy. Hier feuert USCGC »Gallatin« (WHEC-721) während einer Übung vor der Küste von Mayport, Florida im April 2005 einen Dreischussstoß ab. Die Mk 75 kann bis zu 80 Schuss pro Minute abfeuern und hat dabei eine Reichweite von ungefähr zehn Seemeilen.

Das 127-mm-Geschütz L/38 war ein Standard-Bordgeschütz der U.S. Navy auf Zerstörern im Zeiten Weltkrieg und lange danach, es wurde auch von der Küstenwache verwendet; hier zu sehen auf USCGC »Midgett« (WHEC-726).

Das 76-mm-Geschütze Mk 76 von Oto Melara ersetzten auf allen zwölf Kuttern der »Hamilton«-Klasse die alten 127-mm-Geschütze. Hier eine Aufnahme von USCGC »Mellon« (WHEC-717) in Yokosuka 2019.

Zur Bewaffnung der USCG-Kutter gehören auch Anlagen, die sonst nur bei regulären Seestreitkräften zu finden sind, nicht aber bei Küstenwachen, wie hier ein Nahbereich-Abwehrsystem (CIWS/ Close-In Weapon System) vom Typ Phalanx, das zur Abwehr anfliegender Flugkörper verwendet wird. Bei diesem System befindet sich das Feuerleitradar der M61-Vulcan-Kanone direkt über dem vollbeweglichen Geschütz und ermittelt automatisch das Ziel, das es mittels einer 20-mm-Gatling-Kanone abwehren kann (mit theoretisch 3000 Schuss pro Minute, bei aber nur 989 Schuss Munitionsvorrat am Gerät). Hier 2008 an Bord des Kutters »Boutwell« (WHEC-719) aufgenommen, der eine Betankung von USCGC »Sea Devil« durchführt, einem Kutter der Marine Protector-Klasse.

- Das Mk 38 Mod 0- und das Mk 38 Mod 2-Waffensystem mit dem 25-mm-Geschütz M242 Bushmaster. Es ermöglicht die Bekämpfung von Oberflächenzielen und ist aber in erster Linie als Verteidigungsmaßnahme aus nächster Nähe konzipiert, z.B. zum Schutz vor Spreng- und Patrouillenbooten, Piraten, zur Bekämpfung von verschiedenen Küstenzielen und zur Vernichtung von Treibminen.
- Das Phalanx CIWS von Raython ist ein autonomes Nahbereich-Abwehrsystem zur Bekämpfung von Flugzeugen und anfliegenden Lenkwaffen gegen Schiffe. Es kann auch gegen eine Vielzahl von Oberflächenzielen eingesetzt werden und besteht im Kern aus einem radar- und computergesteuerten 20-mm-M61 Vulcan-Geschütz mit sechs Läufen. Im Einsatz ist es auf den National Security Cutters (»Legend«-Klasse).
- Das Sea PROTECTOR Mk 50 Maschinengewehr vom Kaliber M2.50, ein ferngesteuertes, kreiselstabilisiertes schweres MG mit Tageslicht-Videokamera, Wärmebildkamera und einem Laser-Entfernungsmesser, der über einen Joystick bedient wird. Das Modell Mk 50 wird nur auf den Kuttern der *Marine Protector*-Klasse verwendet.

Auch die Geschütz- und Waffensysteme auf älteren Einheiten wurden parallel von der U.S. Navy verwendet und nicht eigens für die U.S. Coast Guard entwickelt. Das größte standardmäßig verwendete Artilleriesystem war lange Zeit das bekannte 12,7 cm Mark 12-Geschütz mit Kaliberlänge 38, das auf den Kuttern der »Hamilton«-Klasse im Einsatz war, bevor es durch das kleinere, aber wesentlich moderne Oto Melara 76-mm-Geschütz mit Kaliberlänge 62 ersetzt wurde.

Ein Foto vom 22. Juni 2022 im Atlantik im Rahmen der AFRICOM Patrol: USCGC »Mohawk« (WMEC-913) der Famous-Klasse (210 Fuß Länge), davor die kleinen Kutter USCGC »John Scheuerman« (WPC-1146) und USCGC »Clarence Sutphin Jr.« (WPC-1147), beide der neuen Sentinel-Klasse (154 Fuß) zugehörig, vor ihrer Stationierung in Manama, Bahrain.

3.10. Motto, Flaggen, Personal und Insignien

Das Motto der U.S. Coast Guard lautet »Semper paratus«, lateinisch für: »Stets bereit«. Hauptquartier ist das Douglas A. Munro Coast Guard Headquarters Building in Washington, D.C., das 2009 bis 2013 neu gebaut wurde. (Benannt ist es nach einem U.S. Coast Guard-Helden, der als einziger Angehöriger der Küstenwache, die Medal of Honor, die höchste Tapferkeitsauszeichnung der US-Streitkräfte verliehen bekam; für seinen Einsatz in der Schlacht um die Santa-Cruz-Inseln gegen Japan.)
Oberster Kommandant ist ein Offizier im Admiralsrang der U.S. Coast Guard. Von 2018 bis 2022 Admiral Karl Leo Schultz als 26. Kommandant, seit 1. Juni 2022 eine Frau, Admiralin Linda L. Fagan (als Nr. 27). Der Personalstand betrug Anfang 2022 fast 45.000 Männer und Frauen in Uniform plus 7000 Reservisten und 40.000 Zivilangestellte. Zum Vergleich, die Deutsche Marine (nicht die Küstenwache!) hat aktiv etwas über 16.000 Personen in Uniform. Aber selbst zu Zeiten des Kalten Krieges kam die Bundesmarine nicht ganz an diese Zahl heran (damals ca. 36.000 Mann Sollstärke). Es handelt sich bei der U.S. Coast Guard also in der Tat um eine große Marine, deren Fähigkeiten weit über die einer klassischen Küstenwache hinausgehen.

Wappen der U.S. Coast Guard

Markierungs-Emblem der U.S. Coast Guard

Flagge der U.S. Coast Guard

Rumpfkennung der U.S. Coast Guard

Seeflagge der U.S. Coast Guard

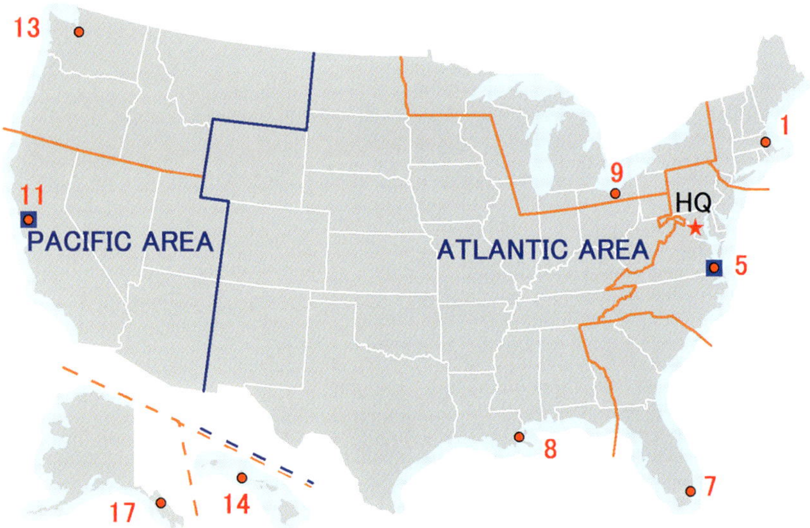

Landkarte der Coast Guard-Distrikte (Quelle: USCG)

U.S. Coast Guard Districts

District	Region	District Office	Area of Responsibility
First District	Atlantic	Boston, Massachusetts	New England states, eastern New York, and northern New Jersey
Fifth District	Atlantic	Portsmouth, Virginia	Pennsylvania, southern New Jersey, Delaware, Maryland, Virginia, and North Carolina
Seventh District	Atlantic	Miami, Florida	South Carolina, Georgia, eastern Florida, Puerto Rico, and the U.S. Virgin Islands
Eighth District	Atlantic	New Orleans, Louisiana	Inland waters of the U.S. and the Gulf of Mexico
Ninth District	Atlantic	Cleveland, Ohio	Great Lakes
Eleventh District	Pacific	Alameda, California	California, Arizona, Nevada, and Utah
Thirteenth District	Pacific	Seattle, Washington	Oregon, Washington, Idaho and Montana
Fourteenth District	Pacific	Honolulu, Hawaii	Hawaii and Pacific territories
Seventeenth District	Pacific	Juneau, Alaska	Alaska

USCG-Distrikte

3.11. Die 27 Kommandanten der U.S. Coast Guard

Mit Captain Leonard G. Shepard wurde im Dezember 1889 erstmals ein Offizier formal zum obersten Kommandanten (Chief) des Revenue Marine Service ernannt, ab 1894 hieß sein Kommando »Chief of the Revenue Cutter Service«. Mit ihm beginnt die Zählung der bisher 27 Kommandanten der amerikanischen Küstenwache.

Kommando-flagge

Admiralin Linda L. Fagan, neue Kommandantin der USCG seit Juni 2022 und erste Frau in dieser Position.

- ADMIRALIN LINDA L. FAGAN (27. Kommandantin; seit 2022)
- ADMIRAL KARL L. SCHULTZ
- ADMIRAL PAUL F. ZUKUNFT
- ADMIRAL ROBERT J. PAPP, JR.
- ADMIRAL THAD W. ALLEN
- ADMIRAL THOMAS H. COLLINS
- ADMIRAL JAMES M. LOY
- ADMIRAL ROBERT EDWARD KRAMEK
- ADMIRAL J. WILLIAM KIME
- ADMIRAL PAUL A. YOST, JR.
- ADMIRAL JAMES S. GRACEY
- ADMIRAL JOHN B. HAYES
- ADMIRAL OWEN W. SILER
- ADMIRAL CHESTER R. BENDER
- ADMIRAL WILLARD J. SMITH
- ADMIRAL EDWIN J. ROLAND
- ADMIRAL ALFRED C. RICHMOND
- VICE ADMIRAL MERLIN O'NEILL
- ADMIRAL JOSEPH F. FARLEY
- ADMIRAL RUSSELL R. WAESCHE
- REAR ADMIRAL HARRY G. HAMLET
- REAR ADMIRAL FREDERICK C. BILLARD
- REAR ADMIRAL WILLIAM E. REYNOLDS
- COMMODORE ELLSWORTH P. BERTHOLF
- CAPTAIN WORTH G. ROSS
- CAPTAIN CHARLES F. SHOEMAKER
- CAPTAIN LEONARD G. SHEPARD (1. Kommandant 1915)

4. U.S. Coast Guard Cutter nach Typen und Klassen

4.1. Kutter, Kanonenboot-Typ (CG, WPG, WPR, WHEC, WMSL)

Die in diesem Kapitel aufgeführten Einheiten entsprachen etwa, von Ausnahmen abgesehen, großen Kanonenbooten und/ oder Fregatten der zeitgenössischen Marinen.

4.1.1 Levy Woodberry, ex-Mahoning

Das Schraubenschiff *USRC »Mahoning«*, als einer von sechs 1863 in Dienst gestellten Kutter mit Segel- und Dampfantrieb, wurde 1898 in *USRC/USCGC »Levy Woodberry«* umbenannt, und 1915 an einen zivilen Eigner verkauft. Das Schiff nahm an der Blockade Havannas 1898 teil.

Schiffserkennung: Brücke und ein hoher dünner Schornstein etwa in der Schiffsmitte, nach achtern anschließend langgestreckte Aufbauten. Je ein Mast vor der Brücke und hinter dem Schornstein und Bugspriet. Eine an Segelyachten erinnernde Rumpfform, Glattdecker (Flushdecker).

Levy Woodberry, ex-Mahoning	
Bauwerft	J. W. Lynn, Philadelphia
Stapellauf	1863
Wasserverdrängung	350 ts
Abmessungen (LxBxT)	44,7 x 8,7 x 3,4 m
Antrieb	Dampf, 350 PS, 1 Welle
Geschwindigkeit	11 kn
Bewaffnung	1 x 106 mm; 2 x 148 mm; später: 6 x 57 mm

USRC »Levy Woodberry«, ex »Mahoning«, undatierte Aufnahme.

4.1.2 Shuyler Colfax

Shuyler Cofax	
Bauwerft	Dialogue & Wood, Philadelphia
Stapellauf	1870
Wasserverdrängung	486 ts
Abmessungen (LxBxT)	54,7 x 7,6 x 3,4 m
Antrieb	Dampf, ? PS, »Schaufelräder
Geschwindigkeit	? kn
Bewaffnung	3 Kanonen

Der letzte Dampfsegler (Raddampfer mit Seiten-Schaufelrädern) der U.S. Coast Guard, bereits 1864 vom Stapel gelaufen, wurde 1870 als *USRCC/USCGC Shuyler Colfax* in Dienst gestellt. Ab 1899 war er Stationär in Arundel Cove, Maryland und wurde 1924 verkauft.

Schiffserkennung: Brücke, kleiner Aufbau und ein hoher dünner Schornstein etwa in der Schiffsmitte, nach achtern anschließend jeseits die großen Schaufelradkästen. Je ein Mast vor der Brücke und mittig hinter den Schaufelradkästen und Bugspriet. Abgesehen von den voluminösen Radkästen eine an Segelyachten erinnernde Rumpfform, Glattdecker (Flushdecker).

Raddampfer USRC »Shuyler Colfax«, Stapellauf 1864.

4.1.3 Bear

Bear	
Bauwerft	A. Stephen, Dundee
Stapellauf	1874
Wasserverdrängung	1700 ts
Abmessungen (LxBxT)	58 x 9 x 3,7 m
Antrieb	Dampf, 300 PS, 1 Welle, später: Diesel
Geschwindigkeit	? kn
Bewaffnung	3 bis 4 x 57 mm, später: Wabo, 1 Flugzeug

Der 1874 gebaute hölzerne Robbenfänger, ein Segelschiff mit Dampf- und Schraubenantrieb wurde 1884 von der U.S. Navy als *USS Bear* angekauft und ein Jahr später an den U.S. Revenue Cutter Service als *USRC Bear* übergeben. Ab 1915 *USCGC Bear*. 1929 stellte man das Schiff außer Dienst. Es wurde Museumsschiff in Oakland. Nach dem Kriegsausbruch in Europa wurde es von der U.S. Navy als *USS Bear*, AG-29 erneut angekauft, 1941/2 modernisiert und erst Ende 1944 wieder endgültig außer Dienst gestellt. Das Schiff diente vorwiegend in arktischen Gewässern. Im 2. Weltkrieg war es auf der Ost-Grönland-Station z.T. gemeinsam mit der *USCGC North Star* gegen deutsche Wetterbeobachtungsschiffe eingesetzt. Es war eines der am längsten dienenden Schiffe der U.S. Navy und wurde vor allem für seinen langen Dienst in den Gewässern Alaskas berühmt, wo es zwischen 1886 und 1926 insgesamt 34 Einsatzfahrten unternahm und zahlreiche Missionen aller Art durchführte.

Schiffserkennung: Langgestreckte Aufbauten mit Brücke und ein hoher dünner Schornstein etwa in der Schiffsmitte und drei Masten und Bugspriet. Eine an Segelyachten erinnernde Rumpfform, Backdecker. Bei späteren Umbauten wurde ein Mast und der Bugspriet entfernt, der Schornstein deutlich gekürzt und Einrichtungen zur Flugzeug-Aufnahme installiert.

Die 1874 gebaute »Bear« war schon 1929 Museumsschiff in Oakland geworden, wurde aber nach Kriegsausbruch in Europa von der U.S. Navy erneut angekauft; Aufnahme vom 16.2.1943.

USRC »Bear« im Eis, aufgenommen 1910.

Der 1874 gebaute hölzerne Robbenfänger USRC »Bear«, ein Segelschiff mit Dampfantrieb, führte zwischen 1886 und 1926 in den Gewässern Alaskas insgesamt 34 Einsatzfahrten aller Art durch. Das Lichtbild stammt aus 1908.

4.1.4 Thetis

Der 1881 gebaute hölzerne Dampfsegler wurde 1899 als *USRC/USCGC Thetis* für Patrouillen in Alaska und um die Aleuten angekauft. 1916 wurde das Schiff wieder verkauft.

Schiffserkennung: Brücke und ein hoher dünner Schornstein deutlich hinter der Schiffsmitte, vorne langgestreckte Aufbauten. Zwei Masten vor dem Schornstein, ein dritter dahinter, Bugspriet. Eine an Segelyachten erinnernde Rumpfform, Glattdecker (Flushdecker) mit Schanzkleid am Bug.

Thetis	
Bauwerft	A. Stephen, Dundee
Stapellauf	1876/81
Wasserverdrängung	1250 ts
Abmessungen (LxBxT)	57,5 x 8,9 x 5,5 m
Antrieb	Dampf, 490 PS, 1 Welle
Geschwindigkeit	10 kn
Bewaffnung	3 x 47 mm

Der 1881 gebaute hölzerne Dampfsegler USRC »Thetis« in einer Aufnahme aus den 1890er-Jahren.

USRC »Thetis«; das Schiff diente vorwiegend für Patrouillenfahrten im Raum Alaska und Aleuten, wo auch diese undatierte Aufnahme entstand.

4.1.5 Morrill

Die 1889 gebaute und in Dienst gestellte *USRC/USCGC Morrill* war ein Dampfschiff, das an der US-amerikanischen Südostküste und auf den Großen Seen eingesetzt wurde. 1898 und 1917/18 wurde es im Krieg jeweils kurzzeitig von der U.S. Navy übernommen. 1928 wurde das Schiff außer Dienst gestellt und danach verkauft.

Schiffserkennung: Ein hoher dünner Schornstein etwa in der Schiffsmitte, davor Brücke auf langgestreckten Aufbauten. Zwei Masten auf der Back und dem Aufbau achtern. Eine an eine Dampfyacht erinnernde Rumpfform, Backdecker mit großem Geschütz auf der Back.

Morrill	
Bauwerft	Pusey & Jones, Wilmington
Stapellauf	1889
Wasserverdrängung	420 ts
Abmessungen (LxBxT)	44,3 x 7,3 x 3,7 m
Antrieb	Dampf, 350 PS, 1 Welle
Geschwindigkeit	13 kn
Bewaffnung	1 bis 2 x 102 mm

United States Revenue Cutter »Morrill« in einer Aufnahme aus 1907.

4.1.6 Winona

Die 1890 gebaute und in Dienst gestellte *USRC/USCGC Winona* ähnelte äußerlich stark der *Morrill* und wurde gleichfalls vorwiegend an der Südostküste der USA eingesetzt. Im Jahr 1915 außer Dienst gestellt und verkauft.

Winona	
Bauwerft	Pusey & Jones, Wilmington
Stapellauf	1890
Wasserverdrängung	321 ts
Abmessungen (LxBxT)	45,1 x 8 x 1,6 m
Antrieb	Dampf, 600 PS, 2 Wellen
Geschwindigkeit	? kn
Bewaffnung	1 Kanone

Schiffserkennung: Sehr ähnlich *Morrill*, aber keine erhöhte Back und kein großes Geschütz dort.

Die 1890 gebaute USRC »Winona« in einer Steuerbordansicht.

4.1.7 Apache, ex-Galveston

Der 1891 als *USRC Galveston* in Dienst gestellte Kutter wurde 1900 in *USRC/USCGC Apache* umbenannt; 1904 umgebaut, von 1917 bis 1919 vorübergehend an die U.S. Navy als *USS Apache* und von 1937 an endgültig an die U.S. Army als *USAV Apache* abgegeben, wo das Schiff nach einem größeren Umbau als Nachrichtenübermittlungsschiff diente. Der Einsatz bei der USCGC erfolgte vor allem in der Chesapeake-Bay.

Schiffserkennung: Ursprünglich zwei eng hintereinanderstehende hohe dünne Schornsteine etwa in der Schiffsmitte, davor Brücke auf langgestreckten Aufbauten. Zwei Masten, auf der Back und hinter dem Aufbau achtern, Bugspriet. Eine an eine Segelyacht erinnernde Rumpfform, Glattdecker (Flushdecker). Nach Umbau nur noch ein Schornstein, kein Bugspriet mehr und Schanzkleid am Bug.

Apache, ex-Galveston	
Bauwerft	Reeder & Sons, Baltimore
Stapellauf	1891
Wasserverdrängung	708 ts
Abmessungen (LxBxT)	56,5 x 8,8 x 2,8 m
Antrieb	Dampf, 800/1200 PS, 1 Welle, später 2 Wellen
Geschwindigkeit	12 kn
Bewaffnung	3 Kanonen, später 1 x 76 mm, 2 MG, Wabo.

Kutter USRC »Apache«, ex »Galveston« nach Umbau 1904; er diente später bei der Navy und der Army.

4.1.8 Itasca

Das Schiff wurde 1892 als *USS Bancroft* von der U.S. Navy in Dienst gestellt und 1906 als *USRC/USCGC Itasca* vom U.S. Revenue Cutter Service übernommen. 1922 wurde es verkauft. Es diente vor allem an der Nordostküste der USA, 1898 Beteiligung am Blockadedienst vor Havanna.

Schiffserkennung: Ein Schornstein hinter kleiner Brücke etwa in der Schiffsmitte und ursprünglich drei Masten. Eine an ein Kanonenboot erinnernde Rumpfform, mit jeseits zwei Geschützen in Schwalbennestern unterhalb der Brücke und am Übergang zum letzten Schiffsdrittel. Glattdecker (Flushdecker) mit Rammbug. 1902 wurde der Großmast hinter dem Schornstein entfernt.

Itasca, ex- USS Bancroft	
Bauwerft	Samuel Moore, Elizabeth Port
Stapellauf	1892
Wasserverdrängung	980 ts
Abmessungen (LxBxT)	57,8 x 9,8 x 4,2 m
Antrieb	Dampf, 1620 PS, 2 Wellen
Geschwindigkeit	14 kn
Bewaffnung	4 x 102 mm; 8 x 47 mm; 2 später 2 x 76 mm; 2 x 57 mm, urspr.1 Torp.

USRC »Itasca«, ex »Bancroft« diente vor allem an der Nordostküste und war 1898 an der Blockade von Havanna beteiligt. Auffällig war die an ein Kanonenboot erinnernde Rumpfform.

4.1.9 Comanche, ex-Windom

Comanche, ex-Windon	
Bauwerft	Iowa Iron Works, Dubuque
Stapellauf	1896
Wasserverdrängung	670 ts
Abmessungen (LxBxT)	52 x 8,2 x 2,9 m
Antrieb	Dampf, 800 PS, 2 Wellen
Geschwindigkeit	15 kn
Bewaffnung	1 x 102 mm; 3 x 57 bzw. 47 mm

Das 1915 in *USCGC Comanche* umbenannte, 1896 gebaute und als *USRC Windom* in Dienst gestellte Schiff wurde 1931 verkauft. 1898 kappte es das Überseekabel von Kuba nach Spanien und beschoss Landbatterien. Von 1917 bis 1919 wurde es vorübergehend an die U.S. Navy als *USS Comanche* abgegeben. Der Einsatz bei der U.S. Coast Guard erfolgte vor allem im Golf von Mexiko.

Schiffserkennung: Ein hoher dünner Schornstein etwa in der Schiffsmitte, davor Brücke auf langgestreckten Aufbauten. Zwei Masten auf der Back und dem Aufbau achtern. Eine an eine Dampfyacht erinnernde Rumpfform mit Rammbug, ursprünglich Glattdecker (Flushdecker) mit Schanzkleid am Bug, später Backdecker.

Steuerbord-Seitenansicht von USCGC »Comanche« 1920.

USCRC »Windom«, aufgenommen am 9. April 1898.

USRC »Windom« in der Norfolk Navy Yard in Portsmouth, Va. im April 1898. Das Schiff wurde 1915 in »Comanche« umbenannt.

4.1.10 WPG-183 Mayflower

WPG-183 Mayflower	
Bauwerft	Thompson Clyde Bank
Stapellauf	1896
Wasserverdrängung	2690 ts
Abmessungen (LxBxT)	83 x 11 x 5,3 m
Antrieb	Dampf, 4800 PS, 2 Wellen
Geschwindigkeit	17 kn
Bewaffnung	1 x 127 mm; 2 x 76 mm; 6 x 20 mm, Hedgehog, Wabo

WPG-183 war eine ehemalige private Yacht, die 1896 als *Ogden Goelet* in Schottland gebaut und 1898 von der U.S. Navy angekauft wurde. 1904 zur Präsidentenyacht umgebaut und bis 1929 in dieser Funktion verwendet, als *USS Mayflower* (PY-1). Sie wurde nach Kriegsbeginn wieder angekauft (von einem privaten Besitzer), 1943 zur Verwendung bei der U.S. Coast Guard umgebaut, wobei u.a. der Schornstein verbreitert und verkürzt, die Brücke und die Aufbauten vergrößert und der Bugspriet und der achtere Mast entfernt wurden. 1946 außer Dienst gestellt und 1948 verkauft.

Schiffserkennung: Langgestreckte Aufbauten und ein Schornstein etwa in der Schiffsmitte und ein Mast. Eine an Segelyachten erinnernde Rumpfform, Glattdecker (Flushdecker). Je ein Geschütz auf der Back und achtern, mittschiffs und achtern fünf Flak-Wannen, davon vier seitlich aufgestellt.

Die 1896 als »Ogden Goelet« in Schottland gebaute »Mayflower« ist ein besonders interessantes Schiff, das 1898 von der U.S. Navy gekauft und 1904 zur Präsidentenyacht (PY-1) umgebaut wurde. Die Aufnahme stammt aus 1909. Von 1943 bis 1946 war sie als WPG-183 »Mayflower« für die Coast Guard im Einsatz.

Präsidentenyacht »Mayflower« in einer Luftaufnahme aus 1919.

Die ehemalige Präsidentenyacht »Mayflower« in einer Aufnahme aus 1943, als Coast Guard Kutter WPG-183 »Mayflower«. Sie wurde 1946 a.D. gestellt.

4.1.11 CG-1 (WPG-85) Gresham-Klasse

Die 190-Fuß-Schiffe wurden von 1897 bis 1898 gebaut. CG-2, CG-4 und CG-5 wurden 1930, 1931 und 1924 verkauft. CG-4 wurde 1943 von der U.S. Navy als YAG-29 angekauft und 1946 außer Dienst gestellt. Lediglich CG-1 *USCGC Gresham* verblieb in Dienst bei der U.S. Coast Guard und erhielt 1941 noch die neue Kennung WPG-85 und wurde 1944 schließlich verkauft. Außer *Manning* waren alle anfänglich im Einsatz auf den Großen Seen, nach 1898 alle nur noch im Atlantik.

Schiffserkennung: Backdecker mit zweistufiger Abstufung zum kurzen Achterdeck und mit Deckssprung, einem Geschütz auf der Back vor der Brücke mit Mast, dahinter auf flachem Aufbau hoher Schornstein, elliptisches Heck, angedeuteter Rammbug. Ursprünglich zwei Masten vor der Brücke und am achteren Aufbautenende und ein Bugtorpedo.

CG-1/WPG-85, CG-2, CG-4, CG-5	
Bauwerft	Globe Iron Works (3), Atlantic Works
Stapellauf	1896/7
Wasserverdrängung	1090 ts
Abmessungen (LxBxT)	62,8 x 9,8 x 4,1 m
Antrieb	Dampfmaschine, 1000 PS, 1 Welle
Geschwindigkeit	13 kn
Bewaffnung	3 x 76 mm; 4 x 20 mm, WaBo

USRC/USCGC Gresham (CG-1, WPG-85)
USRC/USCGC Manning (CG-2)
USRC/USCGC Algonquin (CG-4); später - USS YAG-29
USRC/USCGC Onodaga (CG-5)

USRC »Gresham« (CG-1, ab 1941 WPG-85), in einer Aufnahme aus 1911. Sie war ursprünglich für den Einsatz auf den Großen Seen gebaut worden. Benannt ist das Schiff nach dem ehemaligen Finanzminister Walter Q. Gresham.

USRC »Manning« der »Gresham«-Klasse im Spanisch-Amerikanischen Krieg, aufgenommen vor Kuba am 12. Mai 1898, kurz nach der Indienststellung im Januar 1898.

USRC »Manning« in einem Lichtbild aus dem Jahr 1912.

Von 1917 bis 1919 diente der Kutter »Manning« in der Navy; hier als USS »Manning« im Ersten Weltkrieg, mit Tarnanstrich.

USCGC »Algonquin« der »Gresham«-Klasse in einer Aufnahme aus 1921.

4.1.12 CG-3 McCulloch

CG-3	
Bauwerft	Cramp, Philadelphia
Stapellauf	1897
Wasserverdrängung	1400 ts
Abmessungen (LxBxT)	66,8 x 9,9 x 4,9 m
Antrieb	Dampf, 2400 PS, 1 Welle
Geschwindigkeit	17 kn
Bewaffnung	4 x 57 mm, 1 Torpedorohr

Die 1897 gebaute und in Dienst gestellte *USRC/USCGC McCulloch* wurde 1917 an die U.S. Navy als *USS McCulloch* abgegeben und sank zwei Monate später bei einer Kollision mit einem Passagierschiff im Nebel vor der kalifornischen Küste. Im Spanisch-amerikanischen Krieg 1898 war sie Teil der U.S. Flotte vor Manila unter Commodore Dewey. Nach Transfer durch den Suezkanal diente sie nur im Pazifik.

Schiffserkennung: Ein hoher Schornstein etwa in der Schiffsmitte, davor die Brücke. Drei Masten; auf der Back, Poop und hinter dem Schornstein; Bugspriet. Eine an einen kleinen Kreuzer erinnernde Rumpfform mit erhöhter Back und Poop, dazwischen mittig ein Aufbaudeck. Kreuzerheck und Rammbug. 1914 wurden der Großmast und der Bugspriet entfernt.

Der 1897 gebaute Kutter USRC »McCulloch« in einer Aufnahme um 1900. Er wurde im April 1917 als USS »McCulloch« von der Navy übernommen und sank am 13. Juni 1917 in einer Kollision.

Undatierte Seitenansicht von USRC »McCulloch« (CG-3).

4.1.13 CG-6 Seminole

Die 1899 gebaute und in Dienst gestellte *USRC/USCGC Seminole* wurde 1937 verkauft. Sie war quasi eine verkleinerte Ausgabe der *McCulloch*, für den Einsatz an der U.S. Ostküste und in der Karibik. Von 1917 bis 1919 diente sie als *USS Seminole* in der U.S. Navy.

Schiffserkennung: Verkleinerte Ausgabe der *McCulloch*. Stets ohne Bugspriet und nur mit zwei Masten auf der Back und der Poop fahrend.

CG-6	
Bauwerft	Columbian Iron Works, Baltimore
Stapellauf	1899
Wasserverdrängung	860 ts
Abmessungen (LxBxT)	57,3 x 9 x 3,6 m
Antrieb	Dampf, 1570 PS, 1 Welle
Geschwindigkeit	15 kn
Bewaffnung	2 x 37 mm, später 3 x 57 bzw.76 mm

USRC »Seminole« (CG-6) in einer Backbord-Seitenansicht.

USRC »Seminole« in einer Aufnahme auf See; das Schiff war von 1900 bis 1934 aktiv in Fahrt, zuletzt auf den Großen Seen.

4.1.14 CG-7 Tuscarora

Die 1902 gebaute *USRC/USCGC Tuscarora* wurde von 1917 bis 1919 vorübergehend an die U.S. Navy als *USS Tuscarora* abgegeben, die das Schiff an der nördlichen U.S. Atlantikküste einsetzte; 1937 außer Dienst gestellt und an Zivil verkauft. Bei der USCGC erfolgte der Einsatz vorwiegend auf den Großen Seen.

CG-7	
Bauwerft	William Trigg, Richmond
Stapellauf	1902
Wasserverdrängung	739 ts
Abmessungen (LxBxT)	54,3 x 9,1 x 3,4 m
Antrieb	Dampf, 1200 PS, 1 Welle
Geschwindigkeit	14 kn
Bewaffnung	2 x 57 mm, 1 Torpedorohr

Schiffserkennung: Ein hoher Schornstein etwa in der Schiffsmitte, davor die Brücke auf langgezogenem Aufbau. Zwei Masten vor der Brücke und hinter dem Aufbautenende achtern. Eine an einen hochbordigen Hochseeschlepper erinnernde Rumpfform mit Rammbug, aber Backdecker mit Schildkröten-Back.

USRC »Tuscarora« (CG-7), gebaut 1902. Man beachte das Bugtorpedorohr.

4.1.15 CG-8 Mohawk

Die 1904 gebaute *USRC/USCGC Mohawk* wurde 1917 von der U.S. Navy als *USS Mohawk* übernommen und sank sechs Monate später nach einer Kollision mit einem britischen Tanker vor New Jersey. Beim USRS erfolgte der Einsatz vorwiegend an der U.S. Nordostküste.

CG-8	
Bauwerft	William Trigg, Richmond
Stapellauf	1904
Wasserverdrängung	1150 ts
Abmessungen (LxBxT)	62,6 x 9,8 x 3,8 m
Antrieb	Dampf, 2600 PS, 1 Welle
Geschwindigkeit	17 kn
Bewaffnung	2 bis 4 x 57 mm

Schiffserkennung: Eine etwas vergrößerte Ausgabe der *Seminole*.

USRC »Mohawk« (CG-8), gebaut 1904. Das Schiff wurde 1917 von der U.S. Navy als USS »Mohawk« übernommen und sank kurz darauf nach einer Kollision.

4.1.16 WPG-181 Cobb

Das ehemalige Küsten-Passagierschiff *SS Governor Cobb* von 1906 war das erste in den USA gebaute Turbinen-Dampfschiff. Bereits im ersten Weltkrieg wurde sie als Schulschiff requiriert. 1942 wurde sie als *USCGC Cobb*, WPG-18 erneut requiriert und nach größerem Umbau u.a. mit Installierung einer großen Brücke und Abtragen des zweiten Aufbautendecks sowie dem Einbau einer Helikopter-Landeplattform zur Erprobung eines neuen Sikorsky-Hubschraubers zur U-Boot-Jagd, 1943 in Dienst gestellt. 1947 wurde sie verschrottet.

Schiffserkennung: Ein Schornstein etwa in der Schiffsmitte, zwei Masten und eine an ein Fährschiff erinnernde Rumpfform. Glattdecker (Flushdecker). Je ein Geschütz auf der Back und achtern. Ein großes Helikopter-Landedeck wurde zwischen dem Schornstein und dem achtern Geschütz auf die Aufbauten gesetzt.

WPG-181	
Bauwerft	Delaware River Iron Shipbuilding and Engine Works
Stapellauf	1906
Wasserverdrängung	2522 ts
Abmessungen (LxBxT)	91 x 17 x 5,8 m
Antrieb	Turbinen, 5000 PS, 3 Wellen
Geschwindigkeit	16 kn
Bewaffnung	2 x 127 mm; 6 x 20 mm, Hedgehog, Wabo

WPG-181 »Cobb« in einer Aufnahme aus der Luft ca. 1944.

USCGC »Cobb« (WPG-181) war 1906 als Küstendampfer vom Stapel gelaufen (SS »Governor Cobb«). Die Küstenwache erhielt das Schiff 1943 über die War Shipping Administration und führte sofort umfassende Umbauten durch, insbesondere Entfernung eines Großteils der Aufbauten für die Installation eines Flugdecks zum Einsatz von Hubschraubern. Am 20. Juli 1943 wurde das Schiff als USCGC »Cobb« (WPG-181) in Dienst gestellt. Die Technik der Helikopter steckte damals noch in den Kinderschuhen, die USCG erkannte aber früh das Potential für die eigenen Aufgaben und »Cobb« wurde zum ersten hubschraubertragenden Schiff der USCG, das vor allem für Versuche mit frühen Typen von Sikorsky verwendet wurde.

4.1.17 CG-14 Androscoggin

Die 1907 gebaute hölzerne *USRC/USCGC Androscoggin* wurde 1922 verkauft. Das Schiff war besonders für arktische Operationen an der Ostküste Amerikas vorgesehen. Ab 1917 wurde es bis 1919 als *USS Androscoggin* der U.S. Navy unterstellt.

Schiffserkennung: Ein Schornstein etwa in der Schiffsmitte, die gerundete Brücke deutlich davor auf langgestrecktem Aufbau. Zwei Masten vor der Brücke und am achteren Aufbauteende. Eine an ein Fährschiff erinnernde Rumpfform, Glattdecker (Flushdecker) mit kleinem Schanzkleid am Bug.

CG-14	
Bauwerft	Rodermond Brothers, Tompkins Cove
Stapellauf	1907
Wasserverdrängung	1650 ts
Abmessungen (LxBxT)	64 x 10,7 x 5,3 m
Antrieb	Dampf, 1600 PS, 1 Welle
Geschwindigkeit	13 kn
Bewaffnung	3 x 76 mm; 1 bis 4 x 57 mm

USCR »Androscoggin« (CG-14) in einem Lichtbild nach Fertigstellung 1907. Das hölzerne Schiff war besonders für arktische Operationen im Einsatz und diente im Ersten Weltkrieg bei der Navy.

USCR »Androscoggin« (CG-14) aufgenommen 1920; die Holzkonstruktion ist hier am Schiffsrumpf gut erkennbar.

4.1.18 CG-15 (WPR-57) Pamlico

Der kleine Kutter *USRC/USCGC Pamlico* von 1907 diente von 1917 bis 1919 bei der U.S. Navy als *USS Pamlico* und wurde 1942 als Flusskanonenboot umklassifiziert und 1947 verkauft. Trotz dieser Umklassifizierung diente er nie in Ostasien sondern stets im Bereich der mittleren Ostküste der USA.

CG-15	
Bauwerft	Pusey & Jones, Wilmington
Stapellauf	1907
Wasserverdrängung	455 ts
Abmessungen (LxBxT)	48,2 x 9,1 x 1,8 m
Antrieb	Dampf, 650 PS, 2 Wellen
Geschwindigkeit	11 kn
Bewaffnung	2 x 57 mm

Schiffserkennung: Ein hoher Schornstein hinter der gerundeten Brücke deutlich vor der Schiffsmitte auf langgestrecktem Aufbau. Zwei Masten vor der Brücke und am achteren Aufbautenende. Eine an ein Fährschiff erinnernde Rumpfform, Backdecker mit zwei parallel aufgestellten Geschützen hinter Brustwehr auf der Back vor Fockmast und Brücke.

Der kleine Kutter »Pamlico« (CG-15, später WPR-57) in einer Aufnahme aus 1927.

4.1.19 CG-16 Snohomish-Klasse

Die Kutter CG-16, *USRC/USCGC Snohomish* und CG-18, *USRC/USCGC Acushnet* wurden als Hochsee-Schlepper konstruiert und 1908 in Dienst gestellt und 1917 bis 1918 vorübergehend der U.S. Navy als *USS Snohomish* und *USS Acushnet* übergeben. CG-16 wurde 1936 an Zivil verkauft, CG-18 als *USS Acushnet* AT-63 wieder an die U.S. Navy abgegeben. *Snohomish* diente in Alaska, *Acushnet* an der Nordostküste.

CG-16, CG-18	
Bauwerft	Pusey & Jones, Wilmington
Stapellauf	1908
Wasserverdrängung	879 ts
Abmessungen (LxBxT)	46,3 x 8,8 x 4,7 m
Antrieb	Dampf, 1375 PS, 1 Welle
Geschwindigkeit	13 kn
Bewaffnung	2 x 37 mm; später 1 x 76 mm

USRC/USCGC Snohomish (CG-16); 1947 an Argentinien (Matarasin)
USRC/USCGC Acushnet (CG-18); später AT-63, ab 1944 - ATO-63

Schiffserkennung: Ein hoher Schornstein etwa in der Schiffsmitte deutlich hinter der gerundeten Brücke auf langgestrecktem Aufbau. Zwei Masten, einer auf der Brücke, der andere am achteren Aufbautenende. Eine an die Minensucher der ersten »Bird« (*Lapwing*)-Klasse erinnernde Rumpfform, zunächst wie diese Glattdecker (Flushdecker) mit deutlichem Deckssprung vorn, *USS Snohomish* später Backdecker mit einem Geschütz auf der Back vor der Brücke.

Luftaufnahme des Kutters »Acushnet« (CG-18) der »Snohomish«-Klasse. 1936 erhielt das Schiff die Navy-Kennung AT-63 als USS »Acushnet«, 1944 umklassifiziert auf ATO-63.

Der Kutter »Snohomish« (CG-16) wurde als Hochsee-Schlepper konstruiert und 1908 in Dienst gestellt.

4.1.20 CG-17 Seneca

Der Kutter *USRC/USCGC Seneca* wurde 1908 in Dienst gestellt, 1917 bis 1919 als *USS Seneca* von der U.S. Navy übernommen und 1936 an zivile Eigner verkauf, 1941 wieder übernommen und 1948 abgegeben. Einsatz bei der U.S. Coast Guard an der Atlantikküste, im Krieg Konvoidienst von/nach Gibraltar.

Schiffserkennung: Ein hoher Schornstein etwa in der Schiffsmitte, deutlich hinter der gerundeten Brücke auf langgestrecktem Aufbau. Zwei Masten, einer auf der Brücke, der andere am achteren Aufbautenende. Glattdecker (Flushdecker) mit elliptischem Heck.

CG-17	
Bauwerft	Newport News
Stapellauf	1908
Wasserverdrängung	1445 ts
Abmessungen (LxBxT)	62,2 x 10,4 x 5,3 m
Antrieb	Dampf, 1600 PS, 1 Welle
Geschwindigkeit	13 kn
Bewaffnung	4 x 57 mm bzw. 4 x 76 mm bzw. 4 x 102 mm, Wabo.

USRC »Seneca«, gebaut 1908, wurde ab 1915 als CG-17 geführt und diente 1917 bis 1919 in der Navy. 1941 erneut der Coast Guard übertragen, aber bald als Schulschiff »Keystone State« vom Bundesstaat Pennsylvania übernommen.

»Seneca« in einer Aufnahme aus dem Ersten Weltkrieg.

4.1.21 CG-20 Tahoma-Klasse

Die Kutter CG-20, *USRC/USCGC Tahoma* und CG-21, *USRC/USCGC Yamacraw* wurden 1909 in Dienst gestellt. *Tahoma* ging 1914, nach Auflaufen auf einem Riff bei den Aleuten, verloren. *Yamacraw* diente an der Atlantikküste und von 1917 bis 1919 bei der U.S. Navy als *USS Yamacraw* auch im Konvoy-Dienst und wurde 1935 an Zivil verkauft.

CG-20, CG-21	
Bauwerft	Newport News
Stapellauf	1908
Wasserverdrängung	1082 ts
Abmessungen (LxBxT)	58,2 x 10,2 x 4 m
Antrieb	Dampf, 1600 PS, 1 Welle
Geschwindigkeit	13 kn
Bewaffnung	2 x 102 mm; 2 x 76 mm

Schiffserkennung: Ein hoher Schornstein etwa in der Schiffsmitte, deutlich hinter der gerundeten Brücke auf langgestrecktem Aufbau. Zwei Masten, einer vor der Brücke, der andere am achteren Aufbautenende. Glattdecker (Flushdecker) mit elliptischem Heck. *Yamacraw* mit erhöhter langgezogener Back und Poop.

USRC »Tahoma«, gebaut 1909, Typschiff der »Tahoma«-Klasse in einer Aufnahme vor Alaska. Das Schiff ging 1914 auf einem Riff bei den Aleuten verloren.

4.1.22 CG-22 (WPG-53) Miami (Tampa)/Unalga-*Klasse*

Der 190-Fuß-Kutter *USRC/USCGC Unalga*, WPG-53 wurde 1912 in Dienst gestellt und diente in beiden Weltkriegen im Geleitdienst und ab 1943 als Tender und Zielschiff für Torpedo-Schnellboote. Nach Kriegsende wurde er bald außer Dienst gestellt. Die Schwester, *USCGC Tampa*, ex- *USRC Miami*, wurde 1918 von einem kleinen deutschen Flandern-U-Boot vom Typ UB III (UB-91) versenkt worden.

CG-22 und CG-23	
Bauwerft	Newport News Shipbuilding
Stapellauf	1911
Wasserverdrängung	1181 ts
Abmessungen (LxBxT)	58 x 9,8 x 4,3 m
Antrieb	Dampfmaschine, 2400 PS, 1 Welle
Geschwindigkeit	16 kn
Bewaffnung	2 x 76 mm

USRC/USCGC Miami (CG-22) 1916: Tampa
USRC/USCGC Unalga (CG-23, WPG-52)

Schiffserkennung: Backdecker mit am Heck abgestuften kurzen Achterdeck und mit Deckssprung und Schanzkleid am Bug, zwei parallele Geschütze auf der Back vor der Brücke mit Mast, dahinter hoher Schornstein, vor dem flachen Achterdeck zwei weitere parallele Geschütze, elliptisches Heck.

Der Kutter »Unalga« aufgenommen 1924 in der McLouglin Bay, in British Columbia.

4.1.23 CG-26 (WPG-50) Ossipie/Tallapoosa-*Klasse*

Die zwei 166 Fuß-Kutter der *Tallapoosa*-Klasse, WPG-50 und WPG-52 wurden 1915 in Dienst gestellt und dienten in beiden Weltkriegen. WPG-50, *USCGC Ossipee* diente im Zweiten Weltkrieg auf den Großen Seen und wurde zu WPR-50 umklassifiziert. Nach Kriegsende wurden beide Schiffe rasch außer Dienst gestellt.

WPG-50, WPG-52	
Bauwerft	Newport News Shipbuilding
Stapellauf	1915
Wasserverdrängung	964 ts
Abmessungen (LxBxT)	50,6 x 9,8 x 3,4 m
Antrieb	Dampfmaschine, 1000 PS, 1 Welle
Geschwindigkeit	12 kn
Bewaffnung	2 x 76 mm

USCGC Ossipee (WPG-50)
USCGC Tallapoosa (WPG-52)

Schiffserkennung: Glattdecker (Flushdecker) mit Deckssprung und Schanzkleid an Bug und Heck, zwei parallelen Geschützen auf der Back, Mast vor der Brücke, hohem Schornstein, zwei kleinen Aufbauten, auf dem achteren davon der hintere Mast, Achterdeck zwei weitere parallele Geschütze, elliptisches Heck. Das Typschiff erhielt später ein leicht erhöhtes Backdeck.

USCGC »Ossipee« wurde 1915 in Dienst gestellt.

4.1.24 WPG-54 Shawnee

Das 158-Fuß-Einzelschiff *USCGC Shawnee* (WPG-54) lief 1921 als Schlepper vom Stapel. 1942, kurz nach Kriegsausbruch auf WAT-54 umklassifiziert und bald nach Kriegende ausgemustert.

WPG-54	
Bauwerft	General Engineers, Oakland, Cal.
Stapellauf	1921
Wasserverdrängung	900 ts
Abmessungen (LxBxT)	48,3 x 9,8 x 4,2 m
Antrieb	Dampfmaschine, 1800 PS, 1 Welle
Geschwindigkeit	13 kn
Bewaffnung	keine

Der Schlepper »Shawnee« wurde von der USCG am 8. März 1922 in Dienst gestellt und war in Kalifornien stationiert.

4.1.25 WPG-45 Haida/Tampa-Klasse

Diese vier 240-Fuß-Kutter wurden 1921 gebaut. Alle wurden nach Kriegsende 1948 außer Dienst gestellt.

Schiffserkennung: Glattdecker (Flushdecker) mit Deckssprung vorn und achtern. Ein größeres Geschütz auf der Back, vor der Brücke trapezförmiger Aufbau mit kleinerem Geschütz. Brücke auf Aufbau mit Mast, dahinter ein hoher Schornstein und Lüfter. Am Aufbautenende zwei parallele Flak-Wannen. Auf dem langgestreckten Achterschiff ein zweites größeres Geschütz, elliptisches Heck.

WPG-45 bis WPG 48	
Bauwerft	General Electric, Oakland
Stapellauf	1921
Wasserverdrängung	1780 ts
Abmessungen (LxBxT)	73,2 x 11,9 x 5 m
Antrieb	Dampfturbine, 2600 PS, 1 Welle
Geschwindigkeit	16 kn
Bewaffnung	0 bis 2 x 127 mm; 1 bis 2 x 76 mm; 4 x 20 mm, Wabo.

USCGC Haida (WPG-45)
USCGC Modoc (WPG-46)
USCGC Mojave (WPG-47)
USCGC Tampa (WPG-48)

USCGC »Modoc« (WPG-46).

USCGC »Tampa« (WGP-48), gebaut 1921, mit Tarnanstrich im Zweiten Weltkrieg.

4.1.26 WPG-49 Northland

Das 216-Fuß-Einzelschiff, WPG-49, *USCGC Northland*, für den Arktis-Einsatz vor Alaska, wurde 1927 in Dienst und 1947 außer Dienst gestellt.

Schiffserkennung: Glattdecker (Flushdecker) mit Decksprung und kleinem Schanzkleid am Heck, Eisbrecher Bug. Zwei parallele Geschütze auf der Back, hohe, breite Brücke, langer anschließender Aufbau mit Galerie, nur mit kleinem Mast und Abgaspfosten vorn, und hohem Pfahlmast mit Kran für Flugzeuganlage auf dem flachen Achterdeck. Anfänglich schmalere Brücke, davor hoher Mast mit Takelung, kein Abgasrohr.

WPG-49	
Bauwerft	Newport News Shipbuilding
Stapellauf	1926
Wasserverdrängung	2065 ts
Abmessungen (LxBxT)	65,9 x 11,9 x 4,6 m
Antrieb	Turbine, 1200 PS, 1 Welle
Geschwindigkeit	11 kn
Bewaffnung	2 x 76 mm

WPG-49 »Northland«, ein Motorsegler mit Stapellauf 1927 als Einzelgänger, der zwei Jahrzehnte intensiv Dienst in arktischen Gewässern versah. Das Foto wurde 1933 in Alaska aufgenommen.

USCGC »Northland« (WPG-49) im Eis in den Gewässern von Alaska, aufgenommen 1933.
Eingeklinkt: Nach Umbau 1940 in New York wurde USCGC »Northland« (WPG-49) hauptsächlich in Grönland verwendet. Dort entstand das Farbfoto 1944, bereits ohne Segel-Takelage. Die Außerdienststellung erfolgte 1946, das Schiff kam danach noch an die israelische Marine.

4.1.27 WPG-72/-122 Nourmahal

Die 1928 in Kiel gebaute ehemalige private Yacht *Nourmahal* wurde nach Umbau, u.a. mit Dichtsetzen der Galerie vor den Aufbauten achtern, 1940 als *USCGC Nourmahal*, WPG-72 übernommen, 1943 kurz als PG-72 an die U.S. Navy abgegeben, danach wieder übernommen und zu WPG-122 umklassifiziert und kurz nach Kriegsende außer Dienst gestellt.

Schiffserkennung: Kompakte Aufbauten und ein Schornstein etwa in der Schiffsmitte und zwei Masten. Eine an eine Motoryacht erinnernde Rumpfform, Backdecker mit nach dem Umbau über ¾ der Schiffslänge nach hinten gezogener Back. Je ein Geschütz auf der Back und achtern, am hinteren Aufbautenende zwei seitliche Flak-Wannen.

WPG-72/-122	
Bauwerft	Krupp Germania, Kiel
Stapellauf	1928
Wasserverdrängung	3200 ts
Abmessungen (LxBxT)	80,2 x 12,6 x 5,6 m
Antrieb	Diesel, 6400 PS, 2 Wellen
Geschwindigkeit	15 kn
Bewaffnung	2 x 102 mm; 6 x 20 mm, 8 MG, Hedgehog, Wabo

Die 1928 gebaute Privatyacht »Nourmahal« wurde 1940 als WPG-72 von der USCG übernommen, kam 1943 kurz als PG-72 an die U.S. Navy und wurde Ende 1943 wieder von der Coast Guard übernommen (als WPG-122). Das Bild wurde 1943 vor Guantanamo aufgenommen.

4.1.28 WPG-163 Champlain/Chelan-Klasse

Die zehn 250-Fuß-Kutter der Lake-Klasse, die 1928 bis 1932 noch mit den ursprünglichen Kennungen CG-45 bis CG-54 in Dienst gingen, wurden 1941 im Rahmen des Lend-Lease-Abkommens an die Royal Navy abgegeben, wo sie als *Lulworth* bzw. *Banff*-Klasse als Sloops Geleitdienste leisteten; drei gingen dabei verloren. Nach Kriegsende wurden die übrigen an die U.S. Coast Guard zurückgegeben, die zum Teil noch die neuen Kennungen WPG-163, WPG-164, WPG-319 bzw. WPG-321 und neue Namen erhielten, danach aber rasch außer Dienst gestellt wurden.

Schiffserkennung: Sehr ähnlich der WPG-45-Klasse, etwa 3 Meter länger.

WPG-163, WPG-164, WPG 319, WPG-321	
Bauwerft	Bethleham Steel, Quincy, Mas.
Stapellauf	1927 bis 1932
Wasserverdrängung	2108 ts
Abmessungen (LxBxT)	76 x 13 x 3,9 m
Antrieb	Turbinen, 3350 PS
Geschwindigkeit	18 kn
Bewaffnung	1 x 127 mm; 1 x 76 mm; 2 x 57 mm, Wabo

USCGC Cayuga (1932); später-HMS Totland (Y88); USCGC Mocoma (WPG-163)
USCGC Champlain (1929); später-HMS Sennen (Y21); USCGC Champlain (WPG-319)
USCGC Chelan (1928); später-HMS Lulworth (Y60)
USCGC Itasca (1929); später-HMS Gorleston (Y92); USCGC Itasca, (WPG-321)
USCGC Mendota (1929); später-HMS Culver (Y87)
USCGC Pontchartrain (1928); später-HMS Hartland (Y00)
USCGC Saranac (1930); später-HMS Banff (Y43); USCGC Sebec (WPG-164); USCGC Tampa (WPG-164)
USCGC Sebago (1930); später-HMS Walney (Y04)
USCGC Shoshone (1931); später-HMS Landguar (Y56)
USCGC Tahoe (1928); später-HMS Fishguard (Y59)

USCGC »Chelan«, Stapellauf 1928, ein Kutter der Lake-Klasse, alle benannt nach Seen. Die Schiffe kamen im Rahmen des Lend-Lease Abkommens an die Royal Navy, »Chelan« diente dort als HMS »Lulworth« (Y60) und wurde nach dem Krieg an die Küstenwache zurückgegeben. Das Foto entstand 1930.

Der ehemalige Kutter USCGC »Champlain« als HMS »Sennen« (Y21) der Royal Navy, in einer Aufnahme vom 15. April 1941.

Der ehemalige Coast Guard-Kutter »Chelan« als HMS »Lulworth« (Y60), aufgenommen 1942.

4.1.29 WPG-284 Sea Cloud

Die 1931 in Kiel gebaute ehemalige private, ursprünglich *Hussar*, später *Sea Cloud* benannte Yacht, eine Viermast-Bark mit Dampfantrieb, wurde 1942 nach Umbau, u.a. mit Entfernung dreier Masten und des Bugspriets, als *USCGC Sea Cloud*, WPG-284 von der U.S. Coast Guard in Dienst gestellt, 1943 aber schon wieder an die U.S. Navy als IX-99 abgegeben, die das Schiff Ende 1944 außer Dienst stellte und an den Eigner zurückgab. Noch heute ist das Schiff als Luxus-Kreuzfahrtschiff in Fahrt.

WPG-284	
Bauwerft	Krupp Germania, Kiel
Stapellauf	1931
Wasserverdrängung	2323 ts
Abmessungen (LxBxT)	96,3 x 15 x 8,5 m
Antrieb	Diesel, 3000 PS, 2 Wellen
Geschwindigkeit	14 kn
Bewaffnung	2 x 76 mm; 8 x 20 mm, Hedgehog, Wabo

Schiffserkennung: Aufbauten mit einem Schornstein und einem Mast dahinter, etwas vor der Schiffsmitte. Eine an eine Segelyacht erinnernde Rumpfform. Glattdecker (Flushdecker) mit betontem Decksprung vorn und achtern und Schanzkleid vorn. Je ein Geschütz auf der Back und achtern, am hinteren Aufbautenende zwei seitliche Flak-Wannen.

Ehemalige Segelyacht »Sea Cloud« (ex »Hussar«) als USS »Sea Cloud« (IX-99) der Navy, aufgenommen vor Boston am 22. Oktober 1943.

Die 1931 in Kiel als private Segelyacht gebaute »Sea Cloud« (ex »Hussar«) in einer Aufnahme aus den 1930er-Jahren. Das Schiff wurde Anfang 1942 von der Navy übernommen, an die Coast Guard weitergegeben und am 4. April 1942 als WPG-284 »Sea Cloud« in Dienst gestellt, im April 1943 als USS »Sea Cloud« (IX-99) wieder an die Navy übertragen und 1944 a. D. gestellt. Sie ist noch heute als private Luxus-Segelyacht unterwegs.

4.1.30 WPG-59 North Star

USCGC North Star, WPG-59 war ein 1932 gebauter ehemaliger Kutter des U.S. Innenministeriums, der von 1941 bis 1943 bei der U.S. Coast Guard diente und zuletzt als *USS North Star* IX-148 mit Coast Guard-Besatzung bis 1945 bei der U.S. Navy fuhr. Das Schiff wurde auf der Ost-Grönland-Station gegen deutsche Wetterbeobachtungs-Stationen und -Schiffe eingesetzt.

Schiffserkennung: Ein Schornstein und Aufbautenblock mit breiter Brückenfront etwa in der Schiffsmitte mit zwei Masten und einem an ein Küsten-Kombischiff erinnernden Rumpf. Inseltyp mit erhöhter Back und je einem Geschütz vorn und achtern. Später wurde eine achtern eine Anlage für ein Schwimmerflugzeug des Typs Grumman J2F Duck eingerichtet, statt des achteren Geschütz wurden dann zwei kleinere beidseits aufgestellt.

WPG-59	
Bauwerft	Berg Shipsbuilding, Seattle
Stapellauf	1932
Wasserverdrängung	2200 ts
Abmessungen (LxBxT)	68,6 x 12,5 x 5,7 m
Antrieb	Diesel, 1500 PS, 1 Welle
Geschwindigkeit	13 kn
Bewaffnung	2 x 76 mm; 6 x 20 mm, Wabo,

USCGC »North Star« (WPG-59) vor Boston, NY am 28 Juni 1941, nach Ausrüstung zum Grönland-Einsatz für die USCG.

USCGC »North Star«. Das interessante Schiff wurde ursprünglich 1932 für das U.S. Interior Department in Dienst genommen, 1939 bis 1941 war es als Hilfsschiff in der Antarktis im Einsatz und wurde am 15. Mai 1941 von der USCG als »North Star« (WPG-59) in Dienst gestellt, zum Einsatz bei der Northeast Greenland Patrol. 1944 kam es an die U.S. Navy als IX-148 (Miscellaneous Unclassified) und wurde 1945 a.D. gestellt.

4.1.31 WPG-75 Algonquin-Klasse

Die sechs 165-Fuß-Kutter der *Algonquin*-Klasse, WPG-75 bis WPG-80 wurden 1932 bis 1934 in Dienst gestellt. WPG-77, *USCGC Escebana* ging 1943 nach Explosion (wahrscheinlich durch Torpedotreffer) in einem Atlantik-Konvoi verloren. Alle übrigen wurden 1947 außer Dienst gestellt.

Schiffserkennung: Glattdecker (Flushdecker) mit Deckssprung und Schanzkleid an Bug und Heck, Geschütz auf der Back, hoher Brücke mit anschließendem Aufbau mittschiffs

WPG-75 bis WPG-80	
Bauwerft	Pusey & Jones (3), Defoe (2)
Stapellauf	1932 bis 1934
Wasserverdrängung	1005 ts
Abmessungen (LxBxT)	50,3 x 11 x 4,1 m
Antrieb	Turbinen, 1500 PS, 1 Welle
Geschwindigkeit	13 kn
Bewaffnung	2 x 76 mm; 3 x 20 mm, Wabo

mit Steuerhaus, Pfahlmast und Schornstein und Geschütz am achteren Ende darauf, auf dem Achterdeck Wasserbomben-Ablaufgestelle, Kreuzerheck.

USCGC Algonquin (WPG-75)
USCGC Comanche (WPG-76)
USCGC Escanaba (WPG-77)
USCGC Mohawk (WPG-78)
USCGC Onondaga (WPG-79)
USCGC Tahoma (WPG-80)

USCGC »Comanche« (WPG-76) der »Algonquin«-Klasse, aufgenommen 1943. Das Schiff wurde während des Zweiten Weltkriegs als Teil der Grönlandpatrouille und für Operationen im arktischen Bereich eingesetzt.

USCGC »Algonquin« (WPG-75), ein Patrol Gunboat der Küstenwache und Typschiff der »Algonquin«-Klasse, in einer Aufnahme aus 1943.

4.1.32 WPG-31 (WHEC-31) Treasury/Bibb-Klasse

Die sieben 327-Fuß-Kutter der »Treasury«-Klasse, WPG-31 bis WPG-37 wurden 1936 bis 1937 in Dienst gestellt und nach Finanzministern (Treasuries) der USA benannt. Im Unterschied zu früheren Kuttern mit WPG-Klassifikation handelt es sich um relativ kampfstarke Schiffe, deren militärisches Potential deutlich über reine Küstenschutzaufgaben hinausgeht. WPG-34, *Alexander Hamilton* wurde nahe Island 1942 von einem deutschen U-Boot versenkt. Die Schiffe wurden 1944 zwischenzeitlich zu »WAGC« (Auxillary, General, Command – Konvoi-Führungsschiffe) umgebaut und umklassifiziert und nach Kriegsende teilweise zurückgebaut und wieder zu WPG reklassifiziert. WPG-33, *Duane* diente nach dem Umbau 1944 mit der Kennung WAGC-6 als Führungsschiff für Landungsverbände. Einige weitere Einheiten dienten später auch im Vietnam-Krieg. Die Schiffe wurden z.T. nach mehrfachen weiteren Umbauten 1966, unter Beibehaltung ihrer Kenn-Nummern, zu »WHEC« (High Endurance Cutters – Kutter mit hoher Seeausdauer) umklassifiziert, und zwischen 1981 und 1988 außer Dienst gestellt.

WPG-31 bis WPG-37	
Bauwerft	Philadelphia (3), New York (2) Charleston (1) Navy Yards
Stapellauf	1936 und 1937
Wasserverdrängung	2216 ts
Abmessungen (LxBxT)	99,7 x 12,5 x 4,4 m
Antrieb	Turbinen, 6200 PS, 2 Wellen
Geschwindigkeit	20 kn
Bewaffnung	0 bis 4 x 127 mm; 0 bis 3 x 76 mm; 0 bis 6 x 40 mm, Wabo

USCGC Bibb (WPG-31)
USCGC Campbell (WPG-32)
USCGC Duane (WPG-33)
USCGC Hamilton (WPG-34)
USCGC Ingham (WPG-35)
USCGC Spence (WPG-36)
USCGC Taney (WPG-37)

USCGC »Hamilton« (WPG-34), eine Detailaufnahme entstanden in der Norfolk Navy Yard am 27. Dezember 1941.

USCGC »Duane« (WPG-33/WAGC-6/WHEC-33), zeitweise auch geführt mit vollem Namen als »William J. Duane«, in schwerer See bei Geleitaufgaben im Atlantik während des Zweiten Weltkrieges.

Eine Seitenansicht der USCGC »Hamilton« (WPG-34) in der Norfolk Navy Yard aufgenommen am 27. Dezember 1941.

Eine Nachkriegsaufnahme von USCGC »Taney« (WPG-37) nach Umbau, mit nurmehr einem 127-mm-Geschütz.

Ex-USCGC »Taney« (WHEC-37) der Treasury- oder »Bibb«-Klasse, als Museumsschiff in Baltimore (Foto: Joe Ravi 2011).

Schiffserkennung: Glattdecker (Flushdecker) mit Decksprung, hochgezogenem Schanzkleid an Bug und Heck, Geschütz auf der Back, zwei jeweils überhöhte Geschütze dahinter, langgestrecktem, vorne zweistöckigen Aufbau, darauf Steuerhaus, schräger Pfahlmast und schräger großer Schornstein in der vorderen Hälfte, zweiter Mast am hinteren Ende, anfänglich mit Flugzeuganlage mit Portalkran achtern, später stattdessen mit Flak-Wannen und einem weiteren oder zwei Geschützen, Kreuzerheck. Danach auch mit bis zu vier Geschütztürmen, von denen zumindest der auf der Back bis zum Schluss erhalten blieb. Als Kommandoschiffe zwischenzeitlich mit verlängerten zweiten Aufbaudeck und großen Davits. Zuletzt auch Dreibeinmast mit Radar hinter großem Deckshaus achtern.

Blick auf das Vorschiff von USCGC »Hamilton« (WPG-34) mit den 127-mm-Geschützen, Norfolk NY in Portsmouth, Va. vom 27. Dezember 1941.

WGP-31 »Bibb«, das Typschiff der Treasury- oder »Bibb«-Klasse, undatierte Aufnahme aus dem Zweiten Weltkrieg. Die 1937 in Dienst gestellten sieben große USCG-Kutter mit über 2000 ts Verdrängung sind echte Kampfschiffe, die üblicherweise weltweit so nicht mehr bei Küstenwachen Verwendung finden, sondern nur bei Seestreitkräften. Benannt wurden sie nach Finanzministern der USA (Secretaries of the Treasury). Das »Bibb« wurde hauptsächlich zum Geleitschutz für Atlantik-Konvois verwendet und war in der Nachkriegszeit noch bis 1985 in Dienst.

USCGC »Duane« in Grönland 1941, mit ursprünglicher Anlage zur Flugzeugaufnahme sowie einem Wasserflugzeug des Typs Curtiss SOC-4 Seagull (Foto: Samml. A. D. Baker III).

4.1.33 WAVP-370 (WHEC-370) Casco-Klasse

Diese achtzehn 311-Fuß-Kutter der WAVP-370 *Casco*-Klasse waren zwischen 1941 und 1944 vom Stapel gelaufene ehemalige kleine Seeflugzeug-Tender der AVP-10 *Barnegat*-Klasse der U.S. Navy, die nach dem Krieg zwischen 1946 und 1949 an die U.S. Coast Guard abgegeben und von 1959 bis 1973 außer Dienst gestellt wurden. Bei Umbauten erhielten sie zunächst einen schweren Hedgehog-Starter statt des zweiten Geschützturmes vorn und größere Deckshäuser vor oder hinter dem Flugzeugkran, der später meist abmontiert wurde, die achteren Flak-Geschütze wurden entfernt. Sieben Schiffe wurden der süd-vietmamesischen Marine übergeben, vier davon gelangte später an die Philippinen.

Bei der Übergabe an die U.S. Coast Guard behielten die Schiffe meist ihre U.S. Navy-Namen. Lediglich *USCGC Dexter* hieß vorher *USS Biscayne*, *USCGC McCulloch zuvor USS Wachapreague* und *USCGC Gresham* zuvor *USS Willoughby*. Letztere beide Einheiten waren bei der U.S. Navy zwischenzeitlich als AGP-8 und -9 (Motor-Torpedoboot-Tender) und waren vorher AVP-56 und -57. *USS Biscayne wurde zwischenzeitlich* als AGC-18 (amphibisches Flaggschiff) klassifiziert. *Rockaway* war zwischenzeitlich als WAGO (ozeanisches

WAVP-370 bis WAVP-387	
Bauwerft	Pudget Sound (3), Boston Navy (2), Lake Washington (10), Associated Shipbuilders (3)
Stapellauf	1941 bis 1944
Wasserverdrängung	1830 ts
Abmessungen (LxBxT)	94,8 x 12,5 x 4,3 m
Antrieb	Diesel, 6080 PS, 2 Wellen
Geschwindigkeit	18 kn
Bewaffnung	1 x 127 mm; 6 bis 8 x 40 mm, Hedgehog, Wabo, 2 x 3 ASW-Torp.

Vermessungsschiff), *Dexter* anfänglich als WAGC-18 und schließlich als WOLE (offshore Gesetzesdurchsetzungs-Fahrzeug) klassifiziert. Alle anderen Einheiten hatten vorher bei der U.S. Navy die Klassifikation AVP-12 und -13, AVP-21 bis -26 sowie AVP-29 bis -36. *USCGC Unimak* war zwischenzeitlich als WTR (Schulschiff) und Gresham schließlich als WAGW

USS »Casco« (AVP-12), ein Seeflugzeug-Tender der »Barnegat«-Klasse der Navy, der im Dezember 1941 in Dienst gestellt wurde. Die Aufnahme stammt vom 3. März 1943, bei Probefahrten vor Vashon Island im Puget Sound, Washington, nach der Reparatur von Kriegsschäden. Insgesamt 18 dieser Einheiten kamen als »Casco«-Klasse bei der USCG zum Einsatz. Ex-USS »Casco« selbst wurde im April 1949 aus der Reserveflotte geholt, zur Küstenwache überstellt und als USCGC »Casco« (WAVP-370) in Dienst genommen; ab 1966 WHEC-370.

USCGC »Mackinac« (WAVP-371) in schwerer See. Die Schiffe der »Barnegat«- bzw. »Casco«-Klasse galten als sehr seetüchtig und zuverlässig.

USCGC Casco (WAVP-370)
USCGC Mackinac (WAVP-371)
USCGC Humboldt (WAVP-372)
USCGC Matagorda (WAVP-373)
USCGC Absecon (WAVP-374); 1972 süd-vietnamesische Tham Ngu Lao
USCGC Chincoteague (WAVP-375); 1972 süd-vietnamesische Ly Thoung Kiet, 1976 philipp. Anders USCGC Bonifacio
USCGC Coos Bay (WAVP-376)
USCGC Rockaway (WAVP-377)
USCGC Half Moon (WAVP-378)
USCGC Unimak (WAVP-379)
USCGC Yakutat (WAVP-380); 1971 süd-vietnamesische Tran Nhat Duat
USCGC Barataria (WAVP-381)
USCGC Bering Strait (WAVP-382); 1971 süd-vietnamesische Tran Quan Khai, 1976 philipp. Diego USCGC Salang
USCGC Castle Rock (WAVP-383); 1971 süd-vietnamesische Tran Vinh Hong, 1976 philipp. Francisco USCGC Dagahoy
USCGC Cook Inlet (WAVP-384); 1971 süd-vietnamesische Tran Quoc Toan
USCGC Dexter (WAVP-385)
USCGC McCulloch (WAVP-386); 1972 süd-vietnamesische Ngo Quen, 1976 philipp. Gregorio del Pilasr
USCGC Unimak (WAVP-387)

(Wetterbeobachtungsschiff) klassifiziert. 1966 wurden alle unter Beibehaltung ihrer Nummern zu WHEC umklassifiziert.

Schiffserkennung: Glattdecker (Flushdecker) mit geringem Deckssprung und Kreuzerheck. Geschütz auf der Back, anfänglich überhöhter Hedgehog, ein leicht schräger Schornstein in der Schiffsmitte, davor der Brückenaufbau mit Pfahlmast auf langgestrecktem Aufbaudeck, teilweise vorne bis an die Bordwand reichend. Dahinter Kranmast, der später meist entfernt wurde, und dafür meist Dreibeinmast mit großem Radar und hangarartiges Deckshaus am achteren Aufbautenende.

USCG »Yakutat« (WAVP-380), eine undatierte Aufnahme. Nach Kriegseinsatz war das Schiff 1948 an die USCG übertragen worden, diente danach im Atlantik und auch im Vietnam-Krieg und wurde 1971 an Südvietnam übergeben.

USCG »Humboldt« (WAVP-372) auf einem Foto aus den späten 1960er-Jahren, bereits mit damals neuem CG-Anstrich. Ab 1966 war die Kennung WHEC-372. Der Kutter kam 1949 an die USCG, wurde hauptsächlich als Wetterbeobachtungsschiff im Atlantik verwendet und 1969 an die Navy retourniert.

Mehrere Kutter der »Casco«-Klasse der USCG dienten im Vietnam-Krieg. Hier der 127-mm-Einzel-Geschützturm von USCGC »Half Moon« (WAVP-378) beim Küstenbeschuss in Vietnam.

USCGC »McCulloch« (WAVP-386). Das Schiff wurde 1972 an Südvietnam übertragen. Seine Besatzung konnte mit ihm nach dem Zusammenbruch des Landes auf die Philippinen flüchten.

USCGC »Bering Strait« (WAVP-382) im Vietnam-Einsatz in den 1970er-Jahren, mit dem damals verwendeten grauen Schiffsanstrich, aber mit USCG-Insignien am Rumpf (Foto: Sammlung C. Musselman/J. Forsythe, via Navsource).

4.1.34 WPG-39 (WHEC-39) Owasco-Klasse

Die dreizehn 255-Fuß-Kutter der *Owasco*-Klasse, WPG-39 bis WPG-44 und WPG-64 bis WPG-70 wurden 1944 und 1945 in Dienst gestellt, noch in der Atlantik-Schlacht eingesetzt, später umgebaut und, zum Teil noch nach Vietnam-Einsätzen, 1965 bis 1974 außer Dienst gestellt. 1966 wurden die noch in Dienst befindlichen Einheiten, ebenfalls unter Beibehaltung ihrer Kennnummern, auf »WHEC« umklassifiziert.

Schiffserkennung: Glattdecker (Flushdecker) mit Deckssprung, Geschützturm auf der Back, jeweils überhöhtem Hedgehog und Flak-Geschütze auf kompaktem hohen Brückenaufbau mit Pfahlmast und kompaktem, sich konisch verjüngendem Schornstein mit schräger Kappe dahinter, achtern weiterem, niedrigerem Aufbau mit Flak-Wanne und einem weiteren Geschützturm auf dem Achterdeck, Kreuzerheck. Nach dem Krieg wurde der vordere Doppelturm durch einen Einzelturm ersetzt, der hintere fiel weg, auf dem achteren Aufbau folgten noch ein Deckshaus und ein weiterer, kleinerer Mast.

WPG-39 bis WPG-44, WPG-64 bis WPG-70	
Bauwerft	Western Pipe, S. Pedro (11), CG Yards., Curtis Bay (2)
Stapellauf	1944 und 1945
Wasserverdrängung	1563 ts
Abmessungen (LxBxT)	77,8 x 13,1 x 4,6 m
Antrieb	Turbine, 4000 PS, 1 Welle
Geschwindigkeit	18 kn
Bewaffnung	1 bis 4 x 127 mm; 4 bis 8 x 40 mm, Wabo

USCGC Owasco (WPG-39)
USCGC Winnebago (WPG-40)
USCGC Chautauqua (WPG-41)
USCGC Sebago (WPG-42)
USCGC Iroquois (WPG-43)
USCGC Wachusett (WPG-44)
USCGC Escanaba (WPG-64)
USCGC Winona (WPG-65)
USCGC Klamath (WPG-66)
USCGC Minnetonka (WPG-67)
USCGC Androscoggin (WPG-68)
USCGC Mendota (WPG-69)
USCGC Pontchartrain (WPG-70)

USCGC »Owasco« (WPG-39), Typschiff der aus 13 Kuttern bestehenden »Owasco«-Klasse, aufgenommen vor San Pedro, Ca. am 18. Juli 1945. Die Schiffe waren ursprünglich mit zwei 127-mm-Doppeltürmen ausgestattet.

USCGC »Winona« (WPG-65) in einer Aufnahme um 1965.

Steuerbord-Seitenansicht von USCGC »Pontchartrain« (WPG-70) der »Owasco«-Klasse, schwer bewaffnet mit zwei 127-mm-Doppeltürmen, aufgenommen im September 1945. Die Schiffe kamen erst gegen Ende des Zweiten Weltkrieges in Dienst und nahmen nicht mehr an Kampfhandlungen teil.

USCGC »Sebago« (WPG-42) mit weißem Coast Guard-Anstrich, aufgenommen am 11.6.1946. Es ist nunmehr nur ein 127-mm-Doppelturm am Vorschiff vorhanden, jener am Heck wurde bereits ausgebaut.

4.1.35 WHEC-715 Hamilton-Klasse

Bei den Kuttern der WHEC-715 *Hamilton*-Klasse handelt es sich um die größten und leistungsfähigsten Kampfschiffe der USCG, die über fast fünf Jahrzehnte das Bild der U.S. Küstenwache als einer »echten« Kriegsmarine auch optisch prägten. An Geschwindigkeit, Verdrängung und Bewaffnung entsprachen sie Zerstörern oder Fregatten anderer Marinen. Bezüglich Schiffsgröße wurden sie innerhalb der USCG nur von der Kategorie Eisbrecher übertroffen. Die Kutter der WHEC-715 *Hamilton*-Klasse trugen keine »WPG« Bezeichnung mehr, da sie erst nach der Umstellung des Klassifikationssystems der U.S. Coast Guard 1964/65 in Dienst kamen. Die zwölf 378-Fuß-High Endurance Cutter (»Kutter mit hoher Ausdauer«; die Bezeichnung ist hier eigentlich ein klassischer Euphemismus) wurden zwischen 1967 und 1972 in Dienst gestellt. Ursprünglich waren 36 Einheiten geplant. Die Bewaffnung wurde in der langen Dienstzeit der Kutter mehrfach adaptiert, das 127-mm durch ein modernes 76-mm-Geschütz ersetzt, Lenkwaffen zur Schiffsabwehr wurden ebenso installiert, wie auch Nahbereich-Abwehrsysteme gegen anfliegende Lenkwaffen; ebenso wurde die Infrastruktur zur Aufnahme der Bordhubschrauben auf die jeweils neusten Modelle ausgerichtet. Ab 1985 erfolgte sukzessive eine FRAM-Modernisierung. Zwischen 2011 und 2021 wurden sie bei der U.S. Coast Guard außer Dienst gestellt und an fremde Marinen oder Küstenwachen abgegeben.

WHEC-715 bis WHEC-726	
Bauwerft	Avondale
Stapellauf	1965 bis 1971
Wasserverdrängung	3059, später 3250 ts
Abmessungen (LxBxT)	115,2 x 12,8 x 6,1 m
Antrieb	Diesel oder Gas-Turbine, 10000 bzw. 26000 PS, 2 Wellen
Geschwindigkeit	29 kn
Bewaffnung	1 x 127 mm; später 1 x 76 mm; 2 x 71 mm; später 2 x 25 mm, 6 MG, 1 CIWS, 2 x 3 ASW-Torpedos, 1 Helikopter

USCGC Hamilton (WHEC-715); 2011 philippinische PRB Gregorio del Pilar (FF-15)
USCGC Dallas (WHEC-716); 2012 philippinische PRB Ramon Alcaraz (FF-16)
USCGC Mellon (WHEC-717); 2021 Abgabe an Bahrein vorgesehen
USCGC Chasae (WHEC-718); 2011 nigerianische NNS Thunder (F-90)

USCGC Boutwell (WHEC-719); 2016 philippinische PRB Andres Bonifacio (FF-17)
USCGC Sherman (WHEC-720); 2018 Sri Lanka SLNS Gajabahu (P-626)
USCGC Gallatin (WHEC-721); 2014 nigerianische NNS Okpabana (F-93)
USCGC Morgenthau (WHEC-722); 2017 vietnamesische CSB-8020
USCGC Rush (WHEC-723); 2018 Bangladesh BNS Somudra Avijan
USCGC (Douglas) Munroe (WHEC-724); 2021 Sri Lanka
USCGC Jarvis (WHEC-725); 2018 Bangladesh BNS Somudra Joy
USCGC (John) Midgett (WHEC-726); 2021 vietnamesische CSB-8021

Die Kutter der »Hamilton«-Klasse waren, abgesehen von den Eisbrechern, die größten Schiffe der Küstenwache. Hier eine »Artist Impression« aus den 1960ern, wie sie üblicherweise für Neubauten der Navy und Coast Guard vorab veröffentlicht wird. Namensgeber waren zumeist ehemalige US-Finanzminister. Die Indienststellung des Typschiffs erfolgte 1967, die letzten Schiffe der Klasse gingen erst 2021 außer Dienst.

Luftaufnahme von WHEC-721 »Gallatin«, Aussehen kurz nach Indienststellung, aufgenommen 1971. Man beachte das Hubschrauber-Landedeck plus geräumigen Hangar.

Schiffserkennung: Glattdecker (Flushdecker) mit Deckssprung und Schanzkleid am Bug, Geschützturm auf der Back. Mehrstufig ansteigender kompakter hoher Brückenaufbau mit Pfahlmast und großem Aufbau dahinter. Dahinter wiederum zwei kompakte Lüfter und sich konisch verjüngende Schornsteine leicht nach achtern geneigt mit Abgasrohren, zwischen ihnen auf dem Dach des Teleskop-Hangars ein weiterer Pfahlmast. Die Aufbauten schließen mit einem Heli-Deck nach achtern ab. Im mittleren Schiffsbereich befindet sich eine Galerie vor dem unteren Aufbautendeck. Auf dem Achterdeck CIWS-Geschütz. Beim Midlife-Umbau der Schiffe wurde das Aufbautendeck vor der Brücke deutlich verlängert und ein kleineres Geschütz auf dessen Vorderende gesetzt. Zeitweise befanden sich auch noch Harpoon-Starter vor der Brücke.

Das Typschiff WHEC-715 »Hamilton« in New York 1981, nach Umbau, bereits mit einem modernen 76-mm-Oto Melara-Geschütz.

WHEC-720 »Sherman« und WHEC-720 »Gallatin« der »Hamilton«-Klasse in Hamburg 1973, ursprüngliches Aussehen mit einem 12,7 cm L/38 Geschützturm am Vorschiff. Beide Schiffe waren 1968 in Dienst gestellt worden, ein Jahr nach dem Typschiff »Hamilton«.

Der 1968 in Dienst gestellte Kutter WHEC-716 »Dallas« in Norfolk 1981, noch mit dem ursprünglichen Bewaffnungsschema.

Detailaufnahme des 76-mm-Oto Melara-Schnellfeuer-Geschützes bei einem Feuerstoß, aufgenommen auf WHEC-717 »Mellon« 2010.

Das 76-mm-Oto Melara-Geschütz von WHEC-717 »Mellon« am vereisten Vorschiff, vor Sutwik Island, Alaska 2020. Im Juni 2020 wurde das Schiff an Vietnam transferiert.

WHEC-721 »Gallatin« der »Hamilton«-Klasse in einer Seitenansicht vor Key West, Fl. im Dezember 1988. Die zwölf großen Schiffe der Klasse prägten jahrzehntelang das Bild der U.S. Coast Guard als das einer »richtigen« Marine.

WHEC-715 »Hamilton« in New York 1989 am Manhattan Passenger Terminal, dahinter zwei Fregatten der »Knox«-Klasse. Im Größenvergleich brauchen sich die USCG-Kutter der »Hamilton«-Klasse nicht zu verstecken.

WHEC-715 »Hamilton« in Alaska, aufgenommen am 28. August 2008. Der Kutter wurde 2011 a.D. gestellt und als »Gregorio del Pilar« an die philippinische Marine verkauft.

WHEC-715 »Hamilton« mit modernem 76-mm-Oto Melara-Geschütz, Harpoon Lenkwaffen Mk 141 zur Schiffsbekämpfung und CIWS Phalanx zur Lenkwaffen-Abwehr.

Detailaufnahme des CIWS Phalanx Nahbereich-Abwehrsystems auf WHEC-719 »Boutwell«, aufgenommen im Jahr 2008.

WHEC-716 »Dallas« und USS »McFaul« (DDG-74), ein Zerstörer der »Arleigh-Burke«-Klasse, aufgenommen am 26. August 2008 im Schwarzen Meer, bei einer humanitären Hilfsaktion für Georgien.

WHEC-726 »Midgett«, aufgenommen 2009 mit einem MH-65 Dolphin-Helikopter an Bord. Der Kutter wurde 2021 an Vietnam übergeben.

HEC-716 »Dallas« vor Kreta im August 2008. Das Schiff ging 2012 an die Philippinen.

WHEC-717 »Mello«, ausgerüstet mit umfangreicher Bewaffnung eines modernen Kriegsschiffes, wie es sonst nicht Teil von Küstenwachen anderer Länder ist. Und man käme sonst wohl auch nirgendwo auf die Idee, solche Schiffe als Kutter zu bezeichnen. Ersetzt wurden die Schiffe von der »Legend«- bzw. »Bertholf«-Klasse.

4.1.36 WMSL-750 Legend (Bertholf)-*Klasse*

Diese elf 418-Fuß - »(Large) National Security Cutter ([Großen] Nationalen Sicherheits Kutter)« der Legend (WMSL-750 *Bertholf*)-Klasse sollen die zwölf Kutter der *Hamilton*-Klasse ersetzen und werden das Bild der USCG wohl in den kommenden Jahrzehnten nach außen hin stark prägen. Die Klassifikation ist nicht länger WHEC, sondern WMSL, und steht für »Maritime Security Cutter, Large«. Benannt sind sie nach historischen Persönlichkeiten, die in Zusammenhang mit der Geschichte der USCG stehen. Das Typschiff wurde 2008 in Dienst gestellt, bis 2021 folgten weitere acht Einheiten. Zwei waren 2022 noch im Bau bzw. beauftragt. Sie waren, wie auch die *Heritage*- und *Sentinel*-Klassen, Bestandteil des Integrated Systems Deepwater Programms der U.S. Coast Guard von 2012. Die großen und schnellen Kutter dieser Klasse können für eine Vielzahl von Aufgaben eingesetzt werden, laut offizieller USCG-Lesart fallen darunter: Umweltschutz, Suche und Rettungsaufgaben, Fischereischutz, Hafenschutz, Wasserstraßen- und Küstensicherheit, Aktivitäten zur Terrorismusbekämpfung, Strafverfolgung (Law enforcement), Drogenbekämpfung und andere Militär-/Marineoperationen, einschließlich zugewiesener Seekriegsaufgaben der US Navy.

Schiffserkennung: Glattdecker (Flushdecker) mit Deckssprung und Schanzkleid am Bug sowie »Stealth«-Knickspanten dahinter, Geschützturm auf der Back. Kompakter hoher Brücken-

WMSL-750 bis WMSL-760	
Bauwerft	Ingalls Shipbuilding
Stapellauf	2006 bis laufend
Wasserverdrängung	4600 ts
Abmessungen (LxBxT)	127 x 16 x 6,9 m
Antrieb	Diesel und Gas-Turbine, 14800 und 30000 PS, 2 Wellen
Geschwindigkeit	> 28 kn
Bewaffnung	1 x 57 mm, 4 x 13 mm; 2 x 8 mm MG, 1 CIWS, 1 Helikopter

USCGC Bertholf (WMSL-750)
USCGC Waesche (WMSL-751)
USCGC Stratton (WMSL-752)
USCGC Hamilton (WMSL-753)
USCGC James (WMSL-754)
USCGC Munroe (WMSL-755)
USCGC Kimbal (WMSL-756)
USCGC Midgett (WMSL-757)
USCGC Stone (WMSL-758)
USCGC Calhoun (WMSL-759)
USCGC Friedman (WMSL-760)

USCGC »Bertholf« (WMSL-750), der Kutter der modernen Legend-Klasse, bei der Taufe am 11. November 2006 in Pascagoula, Mississippi. Benannt ist das Schiff nach Commodore Ellsworth P. Bertholf, dem ersten Kommandanten der »modernen« Coast Guard 1915. Im Vordergrund Coast Guard Admiral Thad Allen and Frau Meryl Justin Chertoff, Taufpatin und Gattin des Ministers des Departments of Homeland Security, Michael Chertoff. Die Indienststellung erfolgte am 4. August 2008.

Der neue Kutter »Bertholf« (WMSL-750) im Jahr 2008, bei der Ankunft in Alameda, Ca., dem Heimatstützpunkt.

USCGC »Bertholf« (WMSL-750) auf See, vor Kodiak Island, am 14. April 2011. Als erste US-Kriegsschiffe wurden die Kutter mit dem Bofors 57-mm-Naval Automatic Gun L/70 ausgestattet.

Feuerstoß aus dem schwedischen Bofors 57-mm-Naval Automatic Gun L/70 Geschütz auf USCGC »Bertholf« (WMSL-750), Foto von 2008.

aufbau mit steiler Front, seitlich bis zur Bordwand reichend, und großem Dreibeinmast. Dahinter großer kompakter viereckiger Schornstein, dahinter wiederum ein zweiter hoher Aufbautenblock, seitlich bis zur Bordwand reichend, mit Hangar. Hinter der Heli-Plattform auf dem Hauptdeck findet sich ganz achtern eine abgesenkte Plattform für Einsatzboote (RHIBs) und Portalkran.

Detailaufnahme von USCGC »Kimball« (WMSL-756), man beachte das Phalanx Lenkwaffen-Abwehrsystem.

WMSL-751 »Waesche« bei der Ankunft in Pearl Harbor am 25. Juni 2014, nach Teilnahme am Manöver RIMPAC.

Ein MH-65 Dolphin-Helikopter über USCGC »Bertholf« (WMSL-750) beim Manöver Arctic Shield 2012.

WMSL-751 »Waesche«, zweites Schiff der Legend-Klasse und benannt nach CG-Admiral Russell R. Waesche, bei Probefahrten im Jahr 2010. Die Indienststellung erfolgte am 7. Mai 2010.

USCGC »Hamilton« (WMSL-753) ist nicht mehr das Typschiff, sondern nur das vierte Schiff der Legend-Klasse, das die alte »Hamilton«-Klasse ab 2008 ersetzte. Die Indienststellung erfolgte am 6. Dezember 2014. Das Foto zeigt USCGC »Hamilton« noch vor der Indienststellung, am 11. November 2014, zusammen mit dem kleinen Kutter »William Flores« vor Miami Beach, FL.

USCGC »Hamilton« (WMSL-753) vor der Skyline von Manhattan während der 29. Fleet Week von New York, fotografiert am 24. Mai 2017.

USCGC »Munro« (WMSL-755), der sechste Kutter der Legend-Klasse, einlaufend in Seattle am 28. März 2017.

Die beiden damals brandneuen Kutter »Midgett« (WMSL-757) und »Kimball« (WMSL-756) aufgenommen vor Hawaii am 16. August 2019. Beide sind in Honolulu beheimatet.

4.2. Kutter, Patrouillenschiff-Typ (CGC, WPC, CGE, WSC, WDE, WAT, WMEC, WMSM)

Die in diesem Kapitel aufgeführten Einheiten entsprachen etwa, von Ausnahmen abgesehen, kleinen Kanonenbooten, Korvetten und U-Boot-Jägern der zeitgenössischen Marinen. Außer den hier folgend aufgeführten Klassen wurden auch drei Leuchtturm- und Bojen-Tender ab 1979 als WMEC geführt (Abschnitt 4.7.8).

4.2.1. CGC-22 Quigley-Klasse und WPC-336 Boone-Klasse

22 Einheiten hölzernere U-Boot-Jäger der U.S. Navy aus der Zeit von 1917 bis 1919, die 1919 von der U.S. Cost Guard als 110-Fuß-Kutter in Dienst gestellt wurden. Sie behielten ihre Rumpfnummern, nur wurde das »PC« durch »CGC« ersetzt, und sie erhielten Namen. Sie wurden meist 1921 bis 1923 an die U.S. Navy zurückgegeben oder verkauft. *USCGC Vaughan* blieb bis 1928, *USCGC Cygan* bis 1936, *USCGC Smith* und *USCSC Tingard* bis 1937 im Dienst der U.S. Coast Guard.
Drei andere dieser ehemaligen U.S. Navy-U-Boot-Jäger wurden 1942 von der U.S. Cost Guard wieder in Dienst gestellt. Zwischenzeitlich waren die überlebenden hölzernen U-Boot-Jäger der U.S. Navy von »PC« auf »SC« umklassifiziert worden. Jetzt wurden sie »WPC« mit neuen Nummern und Namen. Nach Kriegsende 1945 wurden sie sofort ausgesondert.

Schiffserkennung: Glattdecker (Flushdecker), Brücke etwas vor der Mitte auf langem Aufbau, ohne Schornstein, Hauptmast an Brückenhinterkante, kleiner Mast achtern.

CGC-22 bis CGC-438, WPC-335, WPC-336, WPC-372	
Bauwerft	New York Yacht, Launch & Engine (4), Mathis Yacht Bdg (2), Gibbs Gas & Engine (3), Intern. Sbdg. & Marine Engine (1) General Sbdg, & Aero Corp. (4), G. Lawley (2), Barrett Sbdg. (3), College Point Boat, Mathews Boat (2), Rocky River
Stapellauf	1917 bis 1918
Wasserverdrängung	77 ts
Abmessungen (LxBxT)	33,6 x 4,1 x 1,9 m
Antrieb	Benzinmotor, 220 PS, 3 Wellen
Geschwindigkeit	18 kn
Bewaffnung	1 x 76 mm, 2 MG, WaBo

USCGC Belleville (WPC-372) in einer Aufnahme aus dem Zweiten Weltkrieg. Man beachte die Gestelle für die U-Boot-Abwehrraketen (bzw. Wasserbomben-Werfer) vom Modell Mousetrap (Mk 20 und 22) am Vorschiff.

Der von der USCG übernommene U-Jäger SC-231 wird im Norfolk Navy Yard von einem schweren Kran geliftet, die Aufnahme ist mit 7. Oktober 1925 datiert. Diese 77 ts/110 Fuß-U-Boot-Jäger mit Holzrumpf wurden im Ersten Weltkrieg in riesigen Stückzahlen als »Submarine Chasers« der SC-1-Klasse gebaut, 22 Einheiten wurden nach Kriegsende in die Coast Guard eingereiht. Nach den nummernniedrigsten der übernommenen Einheiten werden sie z.T. auch als »Quigley«-Klasse oder »Boone«-Klasse bezeichnet. Analog zur Navy wurden sie später auf PC bzw. WPC umklassifiziert.

USCGC Quigley, ex-PC-22 (CGC-22)
USCGC Richards, ex-PC-27 (CGC-27)
USCGC Hansen, ex-PC-68 (CGC-68)
USCGC Newbury, ex-PC-70 (CGC-70)
USCGC Vaughan, ex-PC-152 (CGC-152)
USCGC Taylor, ex-PC-153 (CGC-153)
USCGC Smith, ex-PC-155 (CGC-155)
USCGC Tingard, ex-PC-183 (CGC-183)
USCGC Mehalatos, ex-PC-197 (CGC-197)
USCGC Oversen, ex-PC-199 (CGC-199)
USCGC Boone, ex-SC-229, ex PC-229 (WPC-335)
USCGC Blaze, ex-SC-231, ex-PC-231 (WPC-336)
USCGC Larsen, ex-PC-203 (CGC-203)
USCGC Belleville, ex-SC-258, ex-PC-258 (WPC-372)
USCGC Adams, ex-PC-268 (CGC-268)
USCGC Deering, ex-PC-333 (CGC-333)
USCGC Talley, ex-PC-334 (CGC-334)
USCGC Cygan, ex-PC-335 (CGC-335)
USCGC Hahn, ex-PC-415 (CGC-415)
USCGC Stellenwerf, ex-PC-417 (CGC-417)
USCGC Knudsen, ex-PC-431 (CGC-431)
USCGC Klingelhoeffer, ex-PC-433 (CGC-433)
USCGC Johannson, ex-PC-435 (CGC-435)
USCGC Boyce, ex-PC-437 (CGC-437)
USCGC Cook, ex-PC-438 (CGC-438)

Der hölzerne U-Jäger WPC-372 »Belleville« (ex-SC-258, ex-PC-258) in einer achterlichen Aufnahme. Der Antrieb erfolgte durch drei Benzinmotoren, Geschwindigkeit 18 Knoten, die Bewaffnung bestand meist aus einem 76-mm-Geschütz und Wasserbomben.

4.2.2 CGE-16 McGourty-Klasse

Bei diesen fünf 200-Fuß-Kuttern handelte es sich um 1919, kurz nach ihrer Fertigstellung, von der U.S. Coast Guard übernommene ehemalige Patrouillenfahrzeuge der 60 Einheiten umfassenden »Eagle-Boat«-Klasse der U.S. Navy. Sie erhielten Namen unter Beibehaltung ihrer Rumpfnummern, denen allerdings ein »CGE« statt dem »PE« der Navy vorangestellt wurde. Sie wurden von 1920 bis 1923 bereits wieder außer Dienst gestellt und danach rasch verschrottet.

USCGC McGourty, ex-Eagle 16 (GCE-16)
USCGC Scally, ex-Eagle 20 (CGE-20)
USCGC Bothwell, ex-Eagle 21 (CGE-21)
USCGC Earp, ex Eagle 22 (CGE-22)
USCGC Carr, ex-Eagle 30 (CGE-30)

CGE-16 bis CGE-30	
Stapelläufe	1919
Wasserverdrängung	430 ts
Abmessungen (LxBxT)	61,2 x 7,9 x 2 m
Antrieb	Turbine, 2500 PS, 1 Welle
Geschwindigkeit	18 kn
Bewaffnung	2 x 102 mm, 2 MG

Schiffserkennung: Schlank gebaute Glattdecker (Flushdecker) mit geradem Vordersteven, zum Heck schräg abfallend, rechteckiger Aufbau in der vorderen Schiffshälfte mit Geschütz und dahinter aufgesetztem Steuerhaus, Pfahlmast und hohem schlanken Schornstein an der Hinterkante, achtern weiterer rechteckiger Aufbau mit Geschütz, am Heck beidseits Ablaufgestelle für Wasserbomben.

Ergänzend zu den zahlreichen hölzernen U-Jägern begannen die USA Ende 1917 mit dem Bau einer Klasse von U-Jägern aus Stahl in Fließband-Produktionsweise (angelehnt an die Autowerke von Ford), die deutlich kleiner, billiger und auch langsamer als Zerstörer sein sollten. Daraus entstanden die Boote der »Eagle«-Klasse, von denen 60 fertiggestellt wurden. Fünf davon wurden zwischen 1919 und 1923 von der USCG übernommen (»McGourty«-Klasse). Hier USCGC »Bothwell«, ex-Eagle No. 21 (CGE-21) in einer undatierten Aufnahme.

Breitseitansicht der »Bothwell«, ex-Eagle No. 21 (CGE-21) in einer undatierten Aufnahme. Das Schiff war bei der Ford Motor Co. in Detroit, Michigan 1919 vom Stapel gelaufen und diente in der USCG vorwiegend für Patrouillen in der Bering See. Die Außerdienststellung erfolgte bereits im Dezember 1921.

4.2.3 WPC-100 (WMEC-101) Argo-Klasse

Die 17 165-Fuß-Kutter der *Argo*-Klasse, WPC-100 bis WPC-116 und WPC-187, wurden 1932 bis 1934 gebaut. *USCGC Electra*, WPC-187 wurde bereits 1935 an die U.S. Navy als Präsidenten-Yacht *USS Potomac* (AG-25) abgegeben. Diese wurde 1945, die anderen Einheiten von 1948 bis 1962 außer Dienst gestellt. 1966 wurden die noch in Dienst befindlichen Einheiten zu »WMEC« (Medium Endurance Cutters – Kutter mit mittlerer Seeausdauer) unter Beibehaltung ihrer Nummern umklassifiziert.

Schiffserkennung: Lang gestreckte Glattdecker (Flushdecker) mit Deckssprung und relativ niedrigem Freibord, Geschütze auf der Back und auf dem Achterdeck, am vorderen und hinteren Ende des langgestreckten flachen Aufbaus Flak-Wannen. Auf dem Aufbau vorne Steuerhaus mit Mast, weiters zwei niedrige Schornsteine und achterer Mast, am Heck Wasserbomben-Ablaufgestelle.

WPC-100 bis WPC-116	
Bauwerft	Bath I.W. (6), Marietta, Manitowac, Lake Union je (3)
Stapellauf	1931bis 1934
Wasserverdrängung	337 ts
Abmessungen (LxBxT)	50,3 x 7,7 x 2,9 m
Antrieb	Diesel, 1340 PS, 2 Wellen
Geschwindigkeit	16 kn
Bewaffnung	1 bis 2 x 76 mm; 2 x 20 mm, Hedgehog, WaBo

USCGC »Argo« (WPC-100) in einer Aufnahme ca. 1945, Typschiff der gleichnamigen Klasse von 17 Kuttern, WPC-100 bis WPC-116 und WPC-187, die für die USCG von 1932 bis 1934 gebaut wurden.

USCGC »Pandora« (WPC-113) mit Tarnanstrich, ein Kutter der »Argo«-Klasse. Die Aufnahme stammt von der Norfolk Navy Yard vom 28. August 1942.

USCGC »Aurora« (WPC-103) in den 1960er-Jahren. 1966 wurden die noch in Dienst befindlichen Einheiten auf WMEC (Medium Endurance Cutter), unter Beibehaltung ihrer Rumpfnummern, umklassifiziert.

USCGC Argo (WPC-100)
USCGC Ariadne (WPC-101)
USCGC Atalanta (WPC-102)
USCGC Aurora (WPC-103)
USCGC Calypso (WPC-104)
USCGC Cyane (WPC-105)
USCGC Daphne (WPC-106)
USCGC Dione (WPC-107)
USCGC Electra (WPC-187)
USCGC Galatea (WPC-108)
USCGC Hermes (WPC-109)
USCGC Icarus (WPC-110)
USCGC Nemesis (WPC-111)
USCGC Nike (WPC-112)
USCGC Pandora (WPC-113)
USCGC Perseus (WPC-114)
USCGC Thetis (WPC-115)
USCGC Triton (WPC-116)

4.2.4 WPC-125 (WSC-125, WMEC-125) Active-Klasse

Die 33 125-Fuß-Kutter der *Active*-Klasse, WPC-125 bis WPC-156 und WIX-157 wurden 1926 und 1927 gebaut. Sie wurden 1942 meist nach »WSC« (U-Boot-Jäger) unter Erhalt ihrer Kennnummer umklassifiziert. USCGC Jackson, WSC-142 und *USCGC Bedloe*, ex-*Antietam*, WSC-128 gingen 1944 im Orkan verloren. WIX-157 diente ab 1935 als Tender *USS Cuyahoga* AG-26 für die Präsidenten-Yacht und wurde 1941 an die U.S. Coast Guard zurückgegeben. Letztere ging noch 1978 durch Kollision verloren Die übrigen überlebenden Einheiten wurden von 1948 bis 1971 außer Dienst gestellt. 1966 wurden auch diese seinerzeit noch in Dienst befindlichen Einheiten zu »WMEC« unter Beibehaltung ihrer Kenn-Nummern umklassifiziert.
Die zuletzt seit 2012 gebauten Fast Response Cutter (Schnellen Reaktions-Kutter) der »Sentinel«-Klasse wurden wieder als (WPC-1101 bis WPC-1164) klassifiziert.

Active (WPC-125)
Agassiz (WPC-126)
Alert (WPC-127)
Bedloe, ex-Antietam (WPC-128)
Bonham (WPC-129)
Boutwell (WPC-130)
Cahoone (WPC-131)
Cartigan (WPC-132)
Colfax, ex- Montgomery (WPC-133)
Crawford (WPC-134)
Diligence (WPC-135)
Dix (WPC-136)
Ewing (WPC-137)
Faunce (WPC-138)
Frederick Lee (WPC-139)
General Greene (WPC-140)
Harriet Lane (WPC-141)
Jackson (WPC-142)
Kimball (WPC-143)
Legare (WPC-144)
Marion (WPC-145)
McLane (WPC-146)
Morris (WPC-147)
Nemaha (WPC-148)
Pulaski (WPC-149)
Reliance (WPC-150)
Rush (WPC-151)
Tiger (WPC-152)
Travis (WPC-153)
Vigilant (WPC-154)
Woodbury (WPC-155)
Yeaton (WPC-156)
Cuyahoga (WPC-157)

WPC-125 bis WPC-157	
Bauwerft	New York Shipbuilding
Stapellauf	1926 und 1927
Wasserverdrängung	220 ts
Abmessungen (LxBxT)	77,8 x 38,1 x 2,7 m
Antrieb	Diesel, 600 PS, 2 Wellen
Geschwindigkeit	12 kn
Bewaffnung	1 x 76 mm oder 4; 0 bis 2 x 20 mm, Hedgehog, Wabo

Schiffserkennung: Kompakte Glattdecker (Flushdecker) mit Schanzkleid vorn und achtern, Deckssprung, Geschütz auf der Back, hohem kompakten Brückenaufbau mit Mast, kleinem Schornstein und Flak-Brustwehr darauf, am Heck Wasserbomben-Ablaufgestelle.

USCGC »Active« (WPC-125), Typschiff der gleichnamigen Klasse, von der 33 Kutter (WPC-125 bis WPC-156 und WIX-157) zwischen 1926 und 1927 für die Küstenwache gebaut wurden.

USCGC »Faunce« (WPC-138) der »Active«-Klasse mit Tarnanstrich, aufgenommen im Zweiten Weltkrieg.

USCGC »General Greene« (WPC-140) der »Active«-Klasse in einer undatierten Nachkriegsaufnahme. 1966 wurden auch von dieser Klasse die noch in Dienst befindlichen Einheiten auf WMEC (Medium Endurance Cutter), unter Beibehaltung ihrer Rumpfnummern, umklassifiziert.

4.2.5 WDE-422 Newell-Klasse

Diese zwölf der 306-Fuß-Kutter der WDE-422 *Newell*-Klasse waren zwischen 1943 und 1944 vom Stapel gelaufene ehemalige Geleitzerstörer der DE-129 *Edsall*-Klasse der U.S. Navy, die nach dem Krieg 1951 und 1952 für zwei bis drei Jahre an die U.S. Coast Guard abgegeben wurden. Nach der Rückgabe baute die U.S. Navy elf dieser Schiffe (außer Richey) und zu Radar-Picket-Geleitzerstörern (DER) mit ihrer ursprünglichen Rumpf-Nummer um, die ab 1960 bis 1968 außer Dienst gestellt wurden. Bei der Übergabe an die U.S. Coast Guard behielten die Schiffe ihre U.S. Navy-Namen. Bei den Rumpf-Nummern wurde die »300« durch eine »400« ersetzt. Die Schiffe operierten meist von Hawaii oder Seattle aus und dienten als Wetterbeobachtungsschiffe und Search and Rescue-Schiffe.

Schiffserkennung: Als Glattdecker (Flushdecker) mit Decksprung typische Geleitzerstörer-Rumpfform. Geschütz auf der Back, ein leicht geneigter Schornstein mit schräger Kappe in der Schiffsmitte, davor der stufenförmig ansteigende Brückenaufbau mit weiteren Geschützen und Pfahlmast auf langgestrecktem Aufbaudeck. Hinter dem Schornstein zum Teil kleines Deckshaus und ein kleiner Dreibeinmast. Auf dem achteren Aufbautenende abgestuft mehrere Geschütz- und Flak-Wannen.

WDE-422 bis WDE-434, WDE-482 bis WDE491	
Bauwerft	Consolidated, Orange
Stapellauf	1943 und 1944
Wasserverdrängung	1590 ts
Abmessungen (LxBxT)	106,5 x 11,2 x 3,2 m
Antrieb	Diesel, 6000 PS, 2 Wellen
Geschwindigkeit	21 kn
Bewaffnung	3 x 76 mm; 4 x 40 mm, 8 x 20 mm, Hedgehog, Wabo, 3 Torpedorohre

USCGC Newell (WDE-422)
USCGC Fagout (WDE-424)
USCGC Lowel (WDE-425)
USCGC Finch (WDE-428)
USCGC Koiner (WDE-431)
USCGC Forster (WDE-434)
USCGC Ramsden (WDE-482)
USCGC Richey (WDE-485)
USCGC Vance (WDE-487)
USCGC Lansing (WDE-488)
USCGC Durant (WDE-489)
USCGC Chambers (WDE-491)

USCGC »Newell« (WDE-422) mit Kennung als USCG-Kutter, aber bereits wieder eingemottet, in einer Aufnahme in der Long Beach NY vom August 1956. Ende 1956 wurde das Schiff wieder an die Navy retourniert und erlebte dort noch eine aktive Karriere bis 1968.

USS »Newell« (DE-322) in New York im Juni 1944, ein Geleitzerstörer der »Edsall«-Klasse der U.S. Navy. 12 dieser Schiffe wurden als Kutter der »Newell«-Klasse (WDE-422) nach dem Kriegseinsatz in den Jahren 1951 bis 1952, für nur einige wenige Jahre, an die U.S. Coast Guard übertragen.

USCGC »Vance« (WDE-487) der »Newell«-Klasse in einer undatierten Aufnahme als Kutter der USCG. Er diente dort nur von Mai 1952 bis Juni 1954 und erlebte danach noch eine aktive Karriere als USS »Vance« (DER-387) bis 1969. Die Geleitzerstörer der »Edsall«-Klasse galten ebenfalls als sehr seetüchtige und zuverlässige Schiffe.

4.2.6 WATF-165/WAT-150 (WMEC-165/150) Cherokee/Avoyel-Klasse

Die sechs 205-Fuß-Kutter der WATF-165/WAT-150-Klasse waren zwischen 1939 und 1942 vom Stapel gelaufene ehemalige Flotten-Schlepper der *Navajo*-Klasse der U.S. Navy, die nach dem Krieg 1946, und je zwei noch 1959 und 1980 an die U.S. Coast Guard abgegeben wurden. Die Namen und Nummern wurden nur teilweise beibehalten, auch hatten U.S. Navy und U.S. Coast Guard-Schiffe zum Teil »(W)AT« bzw. »(W)ATF«, »T-ATF«-Kennungen. Die Nachzügler von 1980, ATF-76 und -85 wurden gleich zu WMEC-76 und -85, die anderen 1966 nach WMEC umklassifiziert. Die Schiffe wurden von 1970 bis 1994 außer Dienst gestellt.

Schiffserkennung: Glattdecker (Flushdecker) mit geringem Deckssprung vorn und achtern. Gedrungener breiter Schornstein in der Schiffsmitte, davor runde Brücke auf kompaktem Aufbau mit Geschütz vorne. Ein Pfahlmast auf der Brücke und ein Dreibein am Aufbautenende mit Ladebaum, dahinter seitlich zwei Flak-Wannen.

WAT(F)-150 bis WAT(F)-166, WMEC-76, WMEC-85	
Bauwerft	Charleston Sbdg. (2), Bethlehem Sbdg., Commercial Ironworks, United Engineering (2)
Stapellauf	1939 bis 1942
Wasserverdrängung	1675 ts
Abmessungen (LxBxT)	62,5 x 11,7 x 4,7 m
Antrieb	Diesel, 3000 PS, 1 Welle
Geschwindigkeit	17 kn
Bewaffnung	1 x 76 mm; 2 x 40 mm, 2 x 20 mm

USS »Cherokee« (AT-66), ein Flottenschlepper der »Navajo«-Klasse (später auch »Cherokee«-Klasse), aufgenommen in der Norfolk NY 1940, kurz nach der Indienststellung.

Nach dem Krieg wurden insgesamt sechs Flottenschlepper der »Navajo«-Klasse an die U.S. Coast Guard abgegeben. Hier USCGC »Chilula« (WATF-153, ex- ATF-153) in einer Aufnahme vom 2. Juli 1960.

USCGC Cherokee (WATF-165), ex- AT/ATF-66
USCGC Tamaroa (WAT/WATF-166), ex- AT/ATF-95 Zuni
USCGC Ayovel (WAT/WATF-150), ex AT/ATF-150
USCGC Chilula (WATF-153), ex- ATF-153
USCGC Ute (WMEC-76), ex- AT/ATF/T-ATF
USCGC Lipan (WMEC-85), ex AT/ATF/T-ATF 85

USCGC »Cherokee« (WATF-165, ex-AT/ATF-66) in einem Foto vom 2. Juni 1965.

Der Schlepper USCGC »Lipan« (zuletzt WMEC-85) in Florida. Er wurde 1990 als Zielschiff versenkt (Foto: Raymond L. Blazevic, Florida Keys Public Libraries).

USCGC »Tamaroa« (WAT/WATF-166) in einer Aufnahme vom 1. Mai 1990; die Schiffe hatten eine lange Dienstzeit, wobei je zwei Einheiten erst 1959 bzw. 1980 von der Navy zur USCG kamen. Alle wurden ab 1966 auf WMEC umklassifiziert dann bis 1994 außer Dienst gestellt.

4.2.7 WATA-194 (WMEC-194) Modoc-Klasse

Die zwei 143-Fuß-Kutter der WATF-194/WAT-194-Klasse waren 1944 vom Stapel gelaufene ehemalige Hilfs-Schlepper der *Sotoyomo*-Klasse der U.S. Navy, mit »ATA« bzw. »T-ATA«-Kennungen. Ursprünglich als »ATR« vorgesehen, 1959 von der U.S. Coast Guard übernommen und 1966 nach WMEC umklassifiziert. Die Schiffe wurden 1979 und 1980 außer Dienst getellt.

Schiffserkennung: Backdecker mit deutlichem Deckssprung vorn und geringerem achtern. Gedrungener breiter Schornstein in der Schiffsmitte, davor runde Brücke auf kompakten Aufbau mit Geschütz vorne. Ein Pfahlmast auf der Brücke und ein Dreibein am Aufbautenende mit Ladebaum.

USCGC Modoc (WATA-194), ex- ATA/T-ATA-194 Bagaduce
USCGC Comanche (WATA-202), ex- ATA-202 Wampanoag

WATA-194 und WATA-202	
Bauwerft	Levingston Sbdg., Orange
Stapellauf	1944
Wasserverdrängung	1360 ts
Abmessungen (LxBxT)	43,6 x 10,3 x 4 m
Antrieb	Diesel, 1200 PS, 1 Welle
Geschwindigkeit	12 kn
Bewaffnung	1 x 76 mm; 2 x 20 mm

USCGC »Modoc« (WATA-194), ex ATA/T-ATA-194 »Bagaduce« in einer Luftaufnahme.

USCGC »Modoc«, ex »Bagaduce« (WATA-194, später WMEC-194), aufgenommen 1959.

USCGC »Comanche« (WATA-202, später WMEC-202) als privates Museumsschiff 2020 (Foto: Comanchee 202 Foundation).

4.2.8 WMEC-6/WAT-167 (WMEC-167) Escape/Acushnet-Klasse

Die drei 213-Fuß-Kutter der WATF-165/WAT-150-Klasse waren zwischen 1942 und 1944 vom Stapel gelaufene ehemalige Bergungs-Schlepper der Diver-Klasse der U.S. Navy, die nach dem Krieg 1946, und noch eines 1980 an die U.S. Coast Guard abgegeben wurden. Die Namen und Nummern wurden nur teilweise beibehalten. Der Nachzügler von 1980, *Escape,* wurde gleich WMEC-6, die anderen wurden 1966 nach WMEC umklassifiziert. Zwischen 1968 und 1978 war *Acushnet* als WAGO (ozeanisches Vermessungsschiff) klassifiziert. Die Schiffe wurden von 1996 bis 2011 außer Dienst gestellt.

Schiffserkennung: Backdecker mit geringem Decksspruna vorn und achtern und bis zu 2/3 der Schiffslänge reichender Back. Gedrungener breiter Schornstein in der Schiffsmitte, davor Pfahlmast und Brücke auf langgezogenem Aufbau, der später bis auf das Achterdeck reicht. Auf der Brücke noch ein kleines Dreibein. Ursprünglich waren zwei hohe Masten auf der Back und vor dem Achterdeck, dort mit Ladebaum, positioniert.

WMEC-6, WAT-167, WAT-168	
Bauwerft	Basalt Rock, Napa
Stapellauf	1942 bis 1944
Wasserverdrängung	1675 ts
Abmessungen (LxBxT)	65,1 x 11,9 x 4,6 m
Antrieb	Diesel, 3000 PS, 2 Wellen
Geschwindigkeit	15 kn
Bewaffnung	2 x 40 mm, 4 MG

USCGC Escape (WMEC-6), ex- ARS-6
USCGC Acushnet (WAT-167), ex- ARS-9 Shackle
USCGC Yocona (WAT-168), ex- ARS-26 Seize

Die USS »Escape« (ARS-6), ein Bergungsschiff der »Diver«-Klasse, kam im November 1943 in Kalifornien für die Navy in Dienst, wo diese Aufnahme entstand. Zwei der Schiffe kamen kurz nach dem Krieg und die »Escape« selbst erst 1980 an die U.S. Coast Guard, wo sie als »Acushnet«- oder »Escape«-Klasse geführt wurden (WATF/WAT, ab 1966 WMEC).

USCGC »Escape« (WMEC-6, ex ARS-6) in einer undatierten Aufnahme.

USCGC »Acushnet« (WMEC-167) bei der Ankunft in Kodiak, Alaska am 26. August 2008. Das 1943 vom Stapel gelaufene Schiff ging erst im März 2011 außer Dienst (Foto: Marine Exchange Alaska).

4.2.9 WMEC-615 Reliance-Klasse

Die 16 210-Fuß-Kutter der WMEC-615 *Reliance*-Klasse waren zwischen 1963 und 1968 vom Stapel gelaufen. Die meisten sind 2022 noch in Dienst, zwei wurden bereits 2001 außer Dienst gestellt, einer an Sri Lanka, der andere an Kolumbien abgegeben. Sie waren als Ersatz für 18 die *Owasco*-Klasse (Abschnitt 4.1.33) vorgesehen und sollen nun sukzessive von den Kuttern der Heritage-Klasse (Abschnitt 4.2.12) abgelöst werden. Sie erhielten gleich die neue »WMEC«-Klassifikation. USCGC *Reliance* war von 1975 bis 1982 als Trainingsschiff (WTR) klassifiziert. Zwischen 1986 und 1990 wurden die Schiffe einem Midlife-Umbau unterzogen, bei dem sie u.a. einen prominenten Schornstein erhielten.

WMEC-615 bis WMEC-630	
Bauwerft	Todd, Houston (3), Christy, Curtis Bay (4), American, Lorain (8)
Stapellauf	1963 bis 1968
Wasserverdrängung	1007 ts, später 1145 ts.
Abmessungen (LxBxT)	64,2 x 10,4 x 3,2 m
Antrieb	(Turbolader) Diesel, 5100 PS, 2 Wellen
Geschwindigkeit	18 kn
Bewaffnung	1 x 76 mm; später 1 x 25 mm, 2 MG, 1 Helikopter

Schiffserkennung: Kompakte Backdecker mit hoher kompakter Brücke, seitlich bis zur Bordwand reichend. Vor der Brücke kleiner Vorbau. Über den Aufbauten auf dem Hauptdeck lange Heli-Plattform seitlich von den Streben einer Galerie gestützt. Hinter und unter der der Brücke zwei weitere kurze Aufbauten, die einen Pfahlmast tragen. Das Heli-Deck endete kurz vor dem Heck, so dass ein kleiner Absatz zum Achterdeck entstand. Zunächst war kein Schornstein vorhanden, was den Schiffen einen modernen Anstrich gab. Beim Umbau erhielten die Schiffe dann aber einen sich konisch verjüngenden Schornstein am vorderen Ende des Heli-Decks. Der Aufbau davor wurde vergrößert.

USCGC »Diligence« (WMEC-616), zweiter Kutter der »Reliance«-Klasse, die zwischen 1963 und 1968 als Neubauten für klassische Medium Endurance Cutter (Kutter mittlerer Reichweite) der Coast Guard vom Stapel liefen und großteils bis heute in Dienst sind.

USCGC »Active« (WMEC-618) in einer Aufnahme aus 1980

USCGC »Reliance« (WMEC-615), das Typschiff der Klasse.

Der Kutter »Confidence« (WMEC-619) bei einer Hilfestellung für das havarierte Frachtschiff »Alta« im Atlantik, am 7. Oktober 2018. Die aufgegebene MV „Alta“ trieb, nachdem Bergungsversuche scheiterten, als Geisterschiff über die Meere. Sie strandete erst am 16. Februar 2020 bei Ballycotton an der irischen Südküste.

USCGC »Dauntless« (WMEC-624), bereits mit einem MH-65 Dolphin-Helikopter an Bord.

USCGC Reliance (WMEC-615)
USCGC Diligence (WMEC-616)
USCGC Vigilant (WMEC-617)
USCGC Active (WMEC-618)
USCGC Confidence (WMEC-619)
USCGC Resolute (WMEC-620)
USCGC Valiant (WMEC-621)
USCGC Courageous (WMEC-622); 2004 – Sri Lanka SNLS Samudura (P-621)
USCGC Steadfast (WMEC-623); 2003 kolumbianische ARC Valle de Cauca (PO-44)
USCGC Dauntless (WMEC-624)
USCGC Ventorous (WMEC-625)
USCGC Dependable (WMEC-626)
USCGC Vigorous (WMEC-627)
USCGC Durable (WMEC-628); 2003 kolumbianische ARC Valle de Cauca (PO-44)
USCGC Dicisive (WMEC-629)
USCGC Atert (WMEC-630)

USCGC »Valiant« (WMEC-621) einlaufend 2013 in Mayport, Fl., nach einer Einsatzfahrt.

Luftaufnahme von USCGC »Active« (WMEC-618) der »Reliance«-Klasse.

4.2.10 WMEC-39 Alex Haley

Das Einzelschiff, der 238-Fuß-Kutter WMEC-39 *Alex Haley*, benannt nach dem farbigen Schriftsteller, ist ein Umbau aus dem 1968 für die U.S. Navy vom Stapel gelaufenen Bergungsschlepper ATS-1 *USS Edonton*, der 1997 an die U.S. Coast Guard abgegeben und 1999 neu in Dienst gestellt wurde. Das Schiff ist in Alaska stationiert.

Schiffserkennung: Glattdecker (Flushdecker) mit hochgezogenem oben vier-eckigem Bug, am Heck kurze Galerie und abgesenktes kurzes Achterdeck. Vor der breiten und hohen Brücke zwei ungewöhnliche Masten, die sich oberhalb diagonal zu einem vereinen (»A-Frame«). Hinter der Brücke hoher Aufbautenblock mit Dreibeinmast, später Gittermast darauf und sich etwas konisch verjüngendem Schornstein mit schräger Kappe am hinteren Ende. Dahinter wiederum später noch ein großer kompakter Hangar vor dem Heli-Deck achtern.

WMEC-39	
Bauwerft	Brooke Marine, Lowestoft
Stapellauf	1968
Wasserverdrängung	30063 ts,
Abmessungen (LxBxT)	72,6 x 18 x 5,5 m
Antrieb	Diesel, 6800 PS, 2 Wellen
Geschwindigkeit	18 kn
Bewaffnung	2 x 25 mm, 2 MG, 1 Helikopter

USCGC »Alex Haley« (WMEC-39) in Dutch Harbor, Alaska im Juli 2009.

WMEC-39 »Alex Haley«, ein ehemaliger Bergungsschlepper der Navy (ATS-1 »Edonton«) kam 1997 an die U.S. Coast Guard und ist in Alaska stationiert. Die Aufnahme stammt aus 2003.

4.2.11 WMEC-901 Famous (Bear)-Klasse

Die 13 270-Fuß-Kutter der WMEC-901 *Famous*-Klasse sind zwischen 1980 und 1989 vom Stapel gelaufen. Sie waren als Ersatz für die acht Veteranen der *Treasury*-Klasse (Abschnitt 4.1.32) konzipiert. Alle sind 2022 noch in Dienst.

Schiffserkennung: Glattdecker (Flushdecker) mit abgesenktem kurzem Achterdeck und hoher kompakter Brücke, seitlich bis zur Bordwand reichend. Auf der Back Geschützturm. Hinter der Brücke Aufbauten bis zur Schiffsmitte, darauf ein hoher Pfahlmast, dahinter zwei parallele Schornsteine mit schrägem Abschluß, dahinter wiederum ein großer kompakter Teleskop-Hangar mit anschließendem Heli-Deck.

WMEC-901 bis WMEC-913	
Bauwerft	Tacoma (4), Robert Derecktor (9),
Stapellauf	1980 bis 1989
Wasserverdrängung	1830 ts,
Abmessungen (LxBxT)	82,3 x 11,6 x 4,1 m
Antrieb	Diesel, 7000 PS, 2 Wellen
Geschwindigkeit	20 kn
Bewaffnung	1 x 76 mm; 2 MG, 2 RHIBs, 1 Helikopter

USCGC Bear (WMEC-901)
USCGC Tampa (WMEC-902)
USCGC Harriet Lane (WMEC-903)
USCGC Northland (WMEC-904)
USCGC Spencer (WMEC-905)
USCGC Seneca (WMEC-906)
USCGC Escanaba (WMEC-907)
USCGC Tahoma (WMEC-908)
USCGC Campbell (WMEC-909)
USCGC Thetis (WMEC-910)
USCGC Forward (WMEC-911)
USCGC Legare (WMEC-912)
USCGC Mohawk (WMEC-913)

WMEC-901 »Bear«, Typschiff der Famous- oder »Bear«-Klasse, bestehend aus 13 Medium Endurance-Kuttern, die zwischen 1980 und 1989 als Ersatz für die acht Kutter der Treasury-Klasse vom Stapel liefen (Abschnitt 4.1.32). Das Foto entstand 2005 vor Portsmouth, Va. nach Rückkehr von einem dreimonatigen Afrika-Einsatz.

Der Kutter »Harriet Lane« (WMEC-903) der »Famous«- oder »Bear«-Klasse, von einem Beiboot aus bei hohem Wellengang aufgenommen am 28. Juni 1990.

Heckansicht von USCGC »Northland« (WMEC-904), dem vierten Schiff der »Bear«-Klasse, im April 2008.

USCGC »Campbell« (WMEC-909) bei einem Vertical Replenishment-Manöver durch einen Navy-Helikopter, aufgenommen am 3. März 2010.

Luftaufnahme von USCGC »Mohawk« (WMEC-913) vom 5. Mai 2010, dem nummernletzten Schiff der Klasse, das 1989 vom Stapel lief. Alle 13 Kutter der Klasse sind 2022 noch im aktiven Einsatz der USCG.

USCGC »Tampa« (WMEC-902) bei der Versorgung durch einen MH-60R Seahawk-Hubschrauber der Navy, aufgenommen am 13. Juli 2020.

4.2.12 WPC-1 Cyclone-Klasse

Von den schnellen Patrouillen-Küstenfahrzeugen des Typs PC (Patrol Craft/Boat, Coastal) wurden 14 Stück von 1993 bis 2000 bei der US. Navy als *Cyclone*-Klasse in Dienst gestellt (PC-1 bis PC-14) und sieben Einheiten davon wurden zwischen 1998 und 2011 für bis zu sieben Jahre an die U.S. Coast Guard übergeben. WPC-1 *USCGC Cyclone* ging danach direkt an die Philippinen. Diese 170-Fuß-Kutter behielten ihr Navy-Blaugrau, führten aber die rot-weiß-blauen Coast Guard-Streifen am Rumpf. Die Namen und Rumpfnummern wurden beibehalten, lediglich das »W« wurde ihr vorangestellt. PC-2 soll 2022 außer Dienst gehen. Diese Boote der *Cyclone*-Klasse haben mit ihren 35 Knoten Geschwindigkeit und ihrer Größe durchaus Schnellbootcharakter. Es handelt sich um reine Artillerieträger, auch wenn zur Flugabwehr Stinger-Raketen mitgeführt werden. Einige der Einheiten operierten u.a. im Persischen Golf.

Schiffserkennung: Schlank gebaute Glattdecker (Flushdecker) mit deutlichem Deckssprung und Geschütz auf der Back, lang gestrecktem, rechteckigem, schräg ansteigendem Aufbau vor der Schiffsmitte mit erhöhtem Steuerhaus in der Mitte und größerem Gittermast dahinter. Nachfolgend auf verbindendem Sockel, zwei weitere kleinere rechteckige Aufbauten, über Laufbrücken mit dem vorderen verbunden. Auf dem hinteren davon ein weiteres Geschütz, auf dem kurzen Achterdeck Kran für RIHB, Schrägheck mit rechteckiger Einschnitt im Heckspiegel.

WPC-1, WPC-2, WPC-4, WPC-8, WPC-12 bis WPC 14	
Bauwerft	Bollinger
Stapellauf	1992 bis 1994
Wasserverdrängung	110 ts
Abmessungen (LxBxT)	51,9 x 7,6 x 2,4 m
Antrieb	Diesel, 13400 PS, 4 Wellen
Geschwindigkeit	35 kn
Bewaffnung	2 x 25 mm, 2 MG, 6 Stinger-SAM, 2 Granatwerfer

USCGC Cyclone (WPC-1); 2000-2004, dann philippinische BRP Gen. Mariano Àlvarz (PS-38)
USCGC Tempest (WPC-2); 2004-2008
USCGC Monsoon (WPC-4); 2004-2008
USCGC Zephyr (WPC-8); 2004-2011
USCGC Thunderbolt (WPC-12); 1998
USCGC Shamal (WPC-13); 2004-2001
USCGC Tornado (WPC-14); 2004-2011

USCGC »Shamal« (WPC-13) beim Anlegen in St. Petersburg, Florida, fotografiert am 27. April 2005.

USCGC »Shamal« (WPC-13) und USCGC »Zephyr« (WPC-8) im Sützpunkt in Little Creek, Va. 2011. Die Schiffe behielten auch im CG-Einsatz die Rumpffarbe der Navy.

Die 14 schnellen Patrouillenboote PC-1 bis PC-14 wurden für die Navy gebaut und von 1993 bis 2000 in Dienst gestellt, sechs Einheiten davon für mehrere Jahre an die U.S. Coast Guard übergeben. Hier USCGC »Shamal« (WPC-13), aufgenommen 2004.

4.2.13 WPC-1101 *Sentinel* (Bernard C. Webber)-Klasse

Zwischen 2012 und 2022 sind bereits 47 dieser 154-Fuß-»Fast Response Cutter« (Schnelle Reaktions Kutter) der WPC-1101 *Sentinel*-Klasse an die U.S. Coast Guard ausgeliefert worden. Weitere 17 Einheiten sind in Bau oder geplant. Sie sollen sukzessive die 49 Einheiten der *Island*-Klasse (Abschnitt 4.3.12) ersetzen. Sie waren, wie die *Legend*- und *Heritage*-Klassen, Bestandteil des Integrated Systems Deepwater Programms der U.S. Coast Guard von 2012. Sie basieren auf dem niederländischen Damen Stan 4708 Patrol Vessel Design, das auch von zahlreichen anderen Marinen verwendet wird.

WPC-1101 bis WPC-11064	
Bauwerft	Bollinger
Stapellauf	2012 bis laufend
Wasserverdrängung	359 ts
Abmessungen (LxBxT)	46,8 x 8,1 x 2,9 m
Antrieb	Diesel, 5800 PS, 2 Wellen
Geschwindigkeit	>28 kn
Bewaffnung	1 x 23 mm, 4 MG, 2 RHIBs

Schiffserkennung: Glattdecker (Flushdecker) mit Decksprung und hohem Schanzkleid von Bug bis zur Brücke in der Schiffsmitte mit aufgesetztem Dreibeinmast auf langgestrecktem Aufbau, an dessen vorderen Ende über der Back ein Geschütz positioniert ist. Auf dem Achterdeck zwei parallele Lüfter und Slip-Anlage für zwei RHIBs. Aufbauten bis zur Schiffsmitte, darauf ein hoher Pfahlmast, dahinter zwei parallele Schornsteine mit schrägem Abschluss.

USCGC »Bernard C. Webber« (WPC-1101), erster von inzwischen bereit ca. 50 »Fast Response Cutters« (Schnelle Eingreif- oder Reaktions-Kutter) der »Sentinel«-Klasse, weitere sind in Bau. Sie ersetzen die Kutter der »Island«-Klasse. Das nummerniedrigste Schiff »Bernard C. Webber« lief am 21. April 2011 vom Stapel und kam am 14. April 2012 in Dienst. Die Aufnahme stammt vom Juli 2014 vor Key West, Florida.

Backbord-Seitenansicht von USCGC »Paul Clark« (WPC-1106), ein »Fast Response Cutter« der Sentinel-Klasse, fotografiert im Juni 2013.

USCGC Bernard C. Webber (WPC-1101)
USCGC Richard Etheridge (WPC-1102)
USCGC William Flores (WPC-1103)
USCGC Robert Yered (WPC-1104)
USCGC Margaret Norvell (WPC-1105)
USCGC Paul Clark (WPC-1106)
USCGC Charles David Jr. (WPC-1107)
USCGC Charles W. Sexton (WPC-1108)
USCGC Kathleen Moore (WPC-1109)
USCGC Raymond Evans (WPC-1110)
USCGC William Trump (WPC-1111)
USCGC Isaac Mayo (WPC-1112)
USCGC Richard Dixon (WPC-1113)
USCGC Heriberto Hernandez (WPC-1114)
USCGC Joseph Napier (WPC-1115)
USCGC Winslow W. Griesser (WPC-1116)
USCGC Donald Horsley (WPC-1117)
USCGC Joseph Tezanos (WPC-1118)
USCGC Rollin A. Fritch (WPC-1119)
USCGC Lawrence O. Lawson (WPC-1120)
USCGC John F. McCormick (WPC-1121)
USCGC Bailey T. Barco (WPC-1122)
USCGC Benjamin B. Bailey (WPC-1123)
USCGC Oliver F. Berry (WPC-1124)
USCGC Jacob Poroo (WPC-1125)
USCGC Josph Gerczak (WPC-1126)
USCGC Richard Snyder (WPC-1127)
USCGC Nathan Buckenthal (WPC-1128)
USCGC Forrest Rednour (WPC-1129)
USCGC Robert Ward (WPC-1130)
USCGC Terrel Horne (WPC-1131)
USCGC Benjamin Bottoms (WPC-1132)
USCGC Joseph Doyle (WPC-1133)
USCGC William Hart (WPC-1134)
USCGC Angela McShan (WPC-1135)
USCGC Daniel Tarr (WPC-1136)
USCGC Edgar Culbertson (WPC-1137)
USCGC Harold Miller (WPC-1138)
USCGC Myrtle Hazard (WPC-1139)
USCGC Oliver Henry (WPC-1140)
USCGC Charles Moulthrope (WPC-1141)
USCGC Robert Goldman (WPC-1142)
USCGC Frederick Hatch (WPC-1143)
USCGC Glen Harris (WPC-1144)
USCGC Emlen Tunnell (WPC-1145)
USCGC John Scheuerman (WPC-1146)
USCGC Clarence Sutphin (WPC-1147)
USCGC Pablo Valent (WPC-1148)

USCGC Douglas Denman (WPC-1149)
USCGC William Chadwick (WPC-1150)
USCGC Warren Deyampert (WPC-1151)
USCGC Maurice Jester (WPC-1152)
USCGC John Patterson (WPC-1153)
USCGC William Sparling (WPC-1154)
USCGC Melvin Bell (WPC-1155)
USCGC David Duren (WPC-1156)
USCGC Florence Finch (WPC-1157)
USCGC John G. Witherspoon (WPC-1158)
USCGC Earl Cunningham (WPC-1159)
USCGC Frederick Mann (WPC-1160)
USCGC Olivia Hooker (WPC-1161)
USCGC Vincent Danz (WPC-1162)
USCGC Jeffry Palazzo (WPC-1163)
USCGC Marvin Parrett (WPC-1164)

USCGC »Joseph Napier« (WPC-1115) in Bridgeport, Barbados am 25. März 2017.

4.2.14 *WMSM-915* Heritage (Argus)-*Klasse*

Diese elf 2022 im Bau oder in der Planung befindlichen 360-Fuß-»Maritme Security Cuttter, Medium (Mittlere Maritime Sicherheits Kutter)« oder »Offshore Patrol Cutter (Offshore Patrouillen Kutter) der *Heritage* (WMSL-915 *Argus*)-Klasse sollen sukzessive die vierzehn noch im Dienst befindlichen Kutter der *Reliance*-Klasse ersetzen. Sie waren, wie auch die Legend- und *Sentinel*-Klassen, Bestandteil des Integrated Systems Deepwater Programms der U.S. Coast Guard von 2012.

WMSM-915 bis WMSM-925	
Bauwerft	Eastern Sbdg. (4) Bollinger (4), General Dynamics, Bath (4)
Stapellauf	n.n.
Wasserverdrängung	4520 ts
Abmessungen (LxBxT)	110 x 16 x 4,9 m
Antrieb	Diesel, 9625 PS, 2 Wellen
Geschwindigkeit	25 kn
Bewaffnung	1 x 57 mm, 1 x 25 mm, 6 MG, 3 RHIBs, 1 Helikopter

USCGC Argus (WMSM-915)
USCGC Chase (WMSM-916)
USCGC Ingham (WMSM-917)
USCGC Rush (WMSM-918)
USCGC Pickering (WMSM-919)
USCGC Icarus (WMSM-920)
USCGC Diligence (WMSM-921)
USCGC Diligence (WMSM-922)
USCGC Alert (WMSM-923)
USCGC Vigilant (WMSM-924)
USCGC Reliance (WMSM-925)

Schiffserkennung: Glattdecker (Flushdecker) mit geringem Decksprung und Schanzkleid am Bug und kurzer Absenkung achtern, Geschützturm auf der Back. Kompakter breiter Brückenaufbautenblock mit großem Dreibeinmast darauf. Dahinter flacher Aufbau mit Krananlage und RHIBs darauf. Nach kleiner Lücke dahinter großer kompakter Aufbautenblock mit Hangar und kompaktem, nach Steuerbord verschobenem viereckigen Schornstein mit schräger Kappe und Abgasrohren. Hinter der anschließenden Heli-Plattform auf dem Hauptdeck findet sich ganz achtern eine abgesenkte Plattform.

Der Bau des ersten Schiffes der Heritage-Klasse schreitet zügig voran, Kiellegung war am 28. April 2020. Diese Aufnahme zeigt den Bauzustand des Typschiffs WMSL-915 »Argus« bei der Eastern Shipbuilding Group in Panama City, Florida am 2. Mai 2022. Das Foto wurde von der USCG offiziell auf Twitter veröffentlicht.

Eine »Artist Impression«, inzwischen natürlich vom Computer erstellt, der »Heritage«- oder »Argus«-Klasse.

WMSM-915 »Argus« zu ca. 75% fertiggestellt im Oktober 2022. (Foto: Eastern Shipbuilding Group).

4.3 Kutter, Patrouillenboot-Typ (YN, CG, WPC, CGC, WPB, WPBH, WSES)

Die in diesem Kapitel aufgeführten Einheiten entsprachen in etwa Patrouillenfahrzeugen und teilweise Schnellbooten der zeitgenössischen Marinen. Kleinere Einheiten unter »Kutter-Größe« (< 65 Fuß Länge) werden hier nicht berücksichtigt.

4.3.1 CG-100 74/75-Fuß-Klasse

Die 203 hölzernen 74/75-Fuß-Patrouillenboot-Kutter CG-100 bis CG-302 wurden 1924 und 1925 gebaut. Viele davon gingen nach Ende der Prohibition als Hafen-Patrouillenboote »YP« an die US-Navy. Bereits in den Jahren 1932 bis 1939 wurden viele außer Dienst gestellt. 12 gingen durch Unfälle, GG-252 1942 als *USS YP-26* verloren. Die bei der U.S. Coast Guard verbliebenen 52 Einheiten wurden später in WPB-74.300 bis WPB-74.351 umbenannt und 1946 bis 1948 verkauft.

Das Boot CG-74345 (ex CG-342) der Küstenwache in einer Aufnahme aus dem Zweiten Weltkrieg. Die ersten beiden Zahlen bezeichnen die Bootslänge in Fuß, gefolgt von der Laufnummer. Eine Zusammenfassung der kleinen CG-Boote, die hier nicht sehr im Detail mit Fotos behandelt werden, finden sich in mehreren hervorragenden Publikationen von James T. Flynn, Experte für Kleinfahrzeuge der USCG, die z.T. auch online verfügbar sind und umfangreiches Fotomaterial enthalten.

CG-100 bis CG-302	
Bauwerft	17 verschiedene
Stapellauf	1924 und 1925
Wasserverdrängung	37 ts
Abmessungen (LxBxT)	22,8 x 4,2 x 1,2 m
Antrieb	Benzinmotoren, 400 PS, 2 Wellen
Geschwindigkeit	14 kn
Bewaffnung	1 x 37 mm

Schiffserkennung: Motor-Barkassen-artige Glattdecker (Flushdecker) mit Schanzkleid vorn, Geschütz auf der Back, hohem Steuerhaus mit kleinem Mast vorn, dahinter flachem, niedrigen Aufbau mit Abgaspfosten, Spiegelheck.

4.3.2 YN-80 100-Fuß Corwin-Klasse

Die 13 stählernen 100-Fuß-Kutter der *Corwin*-Klasse wurden 1925 bis 1926 gebaut. Diese Prohibitions-Wachfahrzeuge wurden ab 1936 außer Dienst gestellt. Sie hatten eine höhere Seeausdauer als die folgende Klasse.

Schiffserkennung: Vergrößerte Ausgabe der CG-100-Klasse mit höherer Brücke.

YN-80 bis YN-92	
Bauwerft	Defoe Boat & Motor Works, Detroit
Stapellauf	1924 und 1925
Wasserverdrängung	210 ts
Abmessungen (LxBxT)	30,4 x 7 x 1,4 m
Antrieb	Benzinmotoren, 300 PS, 2 Wellen
Geschwindigkeit	12 kn
Bewaffnung	1 x 76 mm

Ein Boot der »Corwin«-Klasse (100 Fuß Länge), gebaut 1925, in einer Aufnahme von der New York NY vom 12. Juni 1941.

USCGC Corwin (YN-80)
USCGC Dallas (YN-81)
USCGC Dexter (YN-82)
USCGC Eagle (YN-83)
USCGC Forward (YN-84)
USCGC Gallatin (YN-85)
USCGC Mahoning (YN-86)
USCGC Nansemond (YN-87)
USCGC Naugatuck (YN-88)
USCGC Patriot (YN-89)
USCGC Perry (YN-90)
USCGC Petrel (YN-91)
USCGC Wolcott (YN-92)

4.3.3 CG-400 (WPC-400, WPC-78.300*) 78-Fuß-Klasse

Die sechs 78-Fuß-Patrouillenboot-Kutter CG-400 bis CG-405 wurden 1929 bis 1931 gebaut. Sie wurden später in WPC-78.300 bis WPC-78.305 umbenannt. Alle wurden 1946 bis 1948 verkauft.

Schiffserkennung: Sehr ähnlich der CG-100-Klasse.

* Zur besseren Lesbarkeit wurde hinter den ersten zwei Ziffern, die die Länge in Fuß beinhalten und den fortlaufenden Rumpfnummern hier und im Folgenden bei den WPC, CGC und WPB, WYT unter 100 Fuß Länge ein Punkt eingefügt.

CG-400 bis CG-405	
Bauwerft	Southern Shipyard, Newport News
Stapellauf	1929 und 1931
Wasserverdrängung	43 ts
Abmessungen (LxBxT)	24 x 4,4 x 1,2 m
Antrieb	Benzinmotoren, 1070 PS, 2 Wellen
Geschwindigkeit	22 kn
Bewaffnung	1 x 37 mm

USCGC-403, eines der sechs 78-Fuß-Patrouillenboote, die mit Nummern 400 bis 405 von 1929 bis 1931 gebaut wurden. Sie wurden später in WPC-78.300 bis WPC-78.305 umbenannt.

4.3.4 CG-406 (WPC-406, WPC-80.300) 80-Fuß-Klasse

Die neun hölzernen 80-Fuß-Patrouillenboot-Kutter CG-406 bis CG-414 wurden 1937 gebaut. Sie wurden später in WPC-80.300 bis WPC-80.308 umbenannt. Außerdem wurden noch je zwei 62- bzw. 75-Fuß-Patrouillenboot-Kutter, CG-440 bis CG-443, gebaut. Alle wurden 1945 bis 1948 verkauft.

Schiffserkennung: Glattdecker (Flushdecker) mit deutlichem Deckssprung, Geschütz vorn auf der Back, dahinter stromlinienförmiges, niedriges Steuerhaus mit kleinem Mast weit vorn, dahinter relativ großer schräger Schornstein, Spiegelheck.

CG-406 bis CG-414	
Bauwerft	Gibbs Gas Eng. (5), Harbour Boat, Terminal Is. (4)
Stapellauf	1937
Wasserverdrängung	52 ts
Abmessungen (LxBxT)	21,9 x 4,6 x 1,1 m
Antrieb	Benzinmotoren, 1600 PS, 2 Wellen
Geschwindigkeit	25 kn
Bewaffnung	1 x 37 mm

USCGC-411. Die neun hölzernen 80-Fuß-Patrouillenboote mit Nummern 406 bis 414 wurden 1937 gebaut und konnten gut 25 Knoten Geschwindigkeit erreichen. Sie wurden später in WPC-80.300 bis WPC-80.308 umbenannt.

4.3.5 CG-440 (WPC-72.300) 72-Fuß-Klasse

Die zwei hölzernen Boote wurden später WPC-72.300 und WPC-72.301 genannt und wurden bis 1947 außer Dienst gestellt.

CG-440, CG-441	
Bauwerft	Chance Marine Constr., Annapolis
Stapellauf	1937
Wasserverdrängung	31 ts
Abmessungen (LxBxT)	24 x 4,4 x 1,1 m
Antrieb	Benzinmotoren, 1600 PS, 2 Wellen
Geschwindigkeit	28 kn
Bewaffnung	1 x 37 mm

USCGC-440 in den 1930er-Jahren aufgenommen. Die beiden hölzernen Kutter der Klasse mit Nummern 440 und 441 wurden später WPC-72.300 und WPC-72.301.

Schiffserkennung: Glattdecker (Flushdecker) mit deutlichem Deckssprung, Geschütz vorn auf der Back, dahinter stromlinienförmiges, niedriges Steuerhaus, ohne Mast und Schornstein, Spiegelheck.

4.3.6 CG-442 (WPC-65.300) 65-Fuß-Klasse

Die zwei hölzernen Boote wurden später WPC-65.300 und WPC-65.301 genannt und wurden bis 1948 außer Dienst gestellt.

Schiffserkennung: Ähnlich CG-440 mit etwas kürzerem Achterdeck.

CG-442, CG-443	
Bauwerft	William Whiting, Lomg Beach
Stapellauf	1937
Wasserverdrängung	26 ts
Abmessungen (LxBxT)	19,8 x 4,3 x 1,1 m
Antrieb	Benzinmotoren, 1600 PS, 2 Wellen
Geschwindigkeit	27 kn
Bewaffnung	1 x 37 mm

USCG-443 Ende der 1930er Jahre aufgenommen. Die Klasse bestand aus zwei hölzernen Booten (442, 443) die später zu WPC-65.300 und WPC-65.301 wurden.

4.3.7 CG-450 (CGC-450, WPC-83.300) 83-Fuß-Klasse

Die 230 von 1941 bis 1944 gebauten hölzernen 83-Fuß-Patrouillenboot-Kutter (anfänglich z.T. mit Kennungen von CG-450 bis CG-634) wurden später in CGC-83.300 bis CGC-83.529 umbenannt. Vier gingen im Krieg verloren, insgesamt zwölf weitere Boote gingen an Kuba, Venezuela, die Dominikanische Republik und an Haiti. Die U.S. Boote wurden in den 1950er- und 1960er-Jahre außer Dienst gestellt.

Schiffserkennung: Glattdecker (Flushdecker) mit Schanzkleid vorn, niedriges Steuerhaus mit kleinem Mast weit vorn, dahinter geschwungen abfallender Aufbau, Geschütz auf dem Achterdeck, Spiegelheck.

CG-450 bis CG-489, CG-491 bis CG-499, CG-600 bis CG-634, WPB-83.384 bis WPB-83.529	
Bauwerft	Wheeler Shipyard, Brooklyn
Stapellauf	1941 bis 1944
Wasserverdrängung	50 ts
Abmessungen (LxBxT)	25,3 x 4,4 x 1,2 m
Antrieb	Benzinmotoren, 1200 PS, 2 Wellen
Geschwindigkeit	24 kn
Bewaffnung	1 x 20 mm

Breitseitaufnahme von USCGC-83.529. Insgesamt wurden 230 dieser 83-Fuß-Patrouillenboote im Zweiten Weltkrieg gebaut (Foto: Sammlung J. Flynn).

4.3.8 WPB-95.300 Cape (Cape Small)-Klasse

Als Nachfolger der CG-450-Klasse wurden von 1953 bis 1959 die 36 stählernen 95-Fuß-Patrouillenboot-Kutter der Cape-Klasse (WPB-95.300 bis -95.335) mit kleinem Schornstein gebaut, die sämtlich eine »WPB«-Kennung, und ab 1964 auch Namen erhielten. Es gab drei gering unterschiedliche Typen. 1956 wurde eine Einheit an Haiti, 1968 und 1969 neun an Südkorea abgegeben. Ab 1982 wurde eine weitere Einheit an die Marshall-Inseln, sechs an die Bahamas, vier an Mexiko, je zwei an Uruguay und Mikronesien, je eine an Palau und Costa Rica abgegeben. Zwei gingen an die U.S. Navy, die sie als Sea Scouts Ships verwendete. Die verbleibenden Boote wurden bis 1989 außer Dienst gestellt.

WPB-95.300 bis WPB-95.335	
Bauwerft	USCGC Yard, Baltimore
Stapellauf	1953 bis 1959
Wasserverdrängung	98 bis 105 ts
Abmessungen (LxBxT)	29 x 6,1 x 1,9 bis 2 m
Antrieb	Diesel, 2200 bis 2470 PS, 2 Wellen
Geschwindigkeit	20 bis 24 kn
Bewaffnung	0 bis 1 x 40 mm; 0 bis 2 x 20 mm, 2 MG, Hedgehog

Schiffserkennung: Glattdecker (Flushdecker) mit Schanzkleid vorn, kleines Steuerhaus mit kleinem Dreibeinmast und Schornstein in der Schiffsmitte auf geschwungen abfallendem Aufbau mit Geschütz auf seinem Ende, Spiegelheck.

Die 36 USCG-Boote der Cape-Klasse (95 Fuß) mit Stahlrumpf und Aluminiumaufbauten waren bis 1964 unbenannt, dann erhielten sie Namen von Land-Kaps in den USA. Sie waren ursprünglich für U-Boot-Abwehr (ASW) konzipiert, waren dafür aber recht klein. Hier USGCG WPB-95.311 in einer Aufnahme 1962 mit dem Gestell für einen Mousetrap-Wasserbombenwerfer. 1964 erhielt der Kutter den Namen »Cape Hedge«.

USCGC WPB-95.309 »Cape Carter«, undatierte Aufnahme.

USCG WPB-95.328 »Cape Henlopen« in einer Luftaufnahme vom 12. August 1987.

USCG WPB-95.318 »Cape Newagen«, aufgenommen ca. 1973.

USCGC Cape Small (WPB-95.300); 1987 an Marshall Inseln: Insometo 2
USCGC Cape Coral (WPB-95.301)
USCGC Cape Higgon (WPB-95.302); 1990 an Uruguay: Colonia
USCGC Cape Upright (WPB-95.303); 1989 an Bahamas: David Tucker (P-07)
USCGC Cape Gull (WPB-95.304)
USCGC Cape Hatteras (WPB-95.305); 1991 an Mexiko: Cabo Catoche
USCGC Cape George (WPB-95.306); 1990 an Palau
USCGC Cape Current (WPB-95.307); 1989 an Bahamas: Austin Smith
USCGC Cape Straight (WPB-95.308)
USCGC Cape Carter (WPB-95.309); 1991 an Mexiko: Cabo Corrientes
USCGC Cape Whash (WPB-95.310)
USCGC Cape Hedge (WPB-95.311); 1991 an Mexiko: Cabo Corzo
USCGC Cape Knox (WPB-95.312)
USCGC Cape Morgan (WPB-95.313); 1989 an Bahamas: Fort Fincastle
USCGC Cape Fairweather (WPB-95.314)
USCGC WPB-95.315
USCGC Cape Fox (WPB-95.316); 1989 an Bahamas: San Salvador II
USCGC Cape Jellison (WPB-95.317); 1993 an U.S. Navy: Cape Hurricane (SSS-906)
USCGC Cape Newagen (WPB-95.318); 1982 an Mexiko
USCGC Cape Romain (WPB-95.319); 1989 an U.S. Navy: Intrepid (SSS-51)
USCGC Cape Starr (WPB-95.320)
USCGC Cape Cross (WPB-95.321); 1990 an Mikronesien: Pawluwap (FSM-03)
USCGC Cape Horn (WPB-95.322); 1990 an Uruguay: Rio Negro
USCGC Cape Darby (WPB-95.323); 1969 an Süd-Korea: PB-11
USCGC Cape Shoalwater (WPB-95.324); 1989 an Bahamas: Fenrick Stirrup
USCGC Cape Florida (WPB-95.325); 1968 an Süd-Korea: PB-7
USCGC Cape Corwin (WPB-95.326); 1990 an Mikronesien: Constitution (FSM-04)
USCGC Cape Porpoise (WPB-95.327); 1968 an Süd-Korea: PB-8
USCGC Cape Henlopen (WPB-95.328); 1989 an Costa Rica; Astronauta Franklin Chang (SP-951)
USCGC Cape Kiwanda (WPB-95.329); 1969 an Süd-Korea: PB-12
USCGC Cape Falcon (WPB-95.330); 1968 an Süd-Korea: PB-9
USCGC Cape Trinity (WPB-95.331); 1968 an Süd-Korea: PB-10
USCGC Cape York (WPB-95.332); 1989 an Bahamas: Edward Williams
USCGC Cape Rosier (WPB-95.333); 1968 an Süd-Korea: PB-3
USCGC Cape Sable (WPB-95.334); 1968 an Süd-Korea: PB-5
USCGC Cape Providence(WPB-95.335); 1968 an Süd-Korea: PB-6

4.3.9 WPB-82.301 Point (Point Caution)-*Klasse*

Ebenfalls als Nachfolger der CG-450-Klasse wurden von 1960 bis 1970 die 79 stählernen 82-Fuß-Patrouillenboot-Kutter der Point-Klasse (WPB-82.301 bis 82.379) gebaut, die sämtlich eine »WPB«-Kennung, und ab 1964 auch Namen erhielten. 1969 und 1970 wurden 26 Einheiten an Süd-Vietnam abgegeben. Ab 1991, und verstärkt ab 1999, wurden weitere fünf an Panama, je vier an Venezuela, Kolumbien und Trinidad & Tobago, je drei an Costa Rica und die Dominikanische Republik, je zwei an Jamaika, Georgien, Argentinien und die Philippinen,

USCGC-82.376 »Point Evans« im Jahr 2012.

USCG-82.320. Von 1960 bis 1970 wurden 79 stählerne Patrouillenboote der Point-Klasse (WPB-82.301 bis 82.379), mit Stahlrumpf und Aluminiumaufbauten gebaut, die alle eine »WPB«-Kennung und ab 1964 auch Namen erhielten, die mit »Point« begannen (Point-Klasse). Hier USCGC »Point Kennedy« (WPB-82.320) in Vietnam 1967.

USCGC Point Caution (WPB-82.301); 1970 an Süd-Vietnam - RVNS Nguyen An (HQ-716)
USCGC Point Hope (WPB-82.302); 1991 an Costa Rica
USCGC Point Young (WPB-82.303); 1970 an Süd-Vietnam - RVNS Tran Lo (HQ-714)
USCGC Point League (WPB-82.304); 1969 an Süd-Vietnam - RVNS Le Phuroc Duc (HQ-700)
USCGC Point Patridge (WPB-82.305); 1970 an Süd-Vietnam - RVNS Bui Vetr Thanh (HQ-715)
USCGC Point Jefferson (WPB-82.306); 1970 an Süd-Vietnam - RVNS Le Ncoc An An (HQ-712)
USCGC Point Glover (WPB-82.307); 1970 an Süd-Vietnam - RVNS Dao Van Dang (HQ-711)
USCGC Point White (WPB-82.308); 1970 an Süd-Vietnam - RVNS Le Dinh Hung (HQ-708)
USCGC Point Arden (WPB-82.309); 1970 an Süd-Vietnam - RVNS Pham Ngog Chau (HQ-701)
USCGC Point Garnet (WPB-82.310); 1969 an Süd-Vietnam - RVNS Le Van Ga (HQ-701)
USCGC Point Verde (WPB-82.311); 1991 an Mexiko

USCGC Point Swift (WPB-82.312)
USCGC Point Locum (WPB-82.313); 1969 an Süd-Vietnam - RVNS Nguyen Ngoc Thach (HQ-706)
USCGC Point Thatcher (WPB-82.314)
USCGC Point Clear (WPB-82.315); 1969 an Süd-Vietnam - RVNS Huynh Van Duc (HQ-702)
USCGC Point Mast (WPB-82.316); 1970 an Süd-Vietnam - RVNS Ho Dang La/Dam Tholai (HQ-721)
USCGC Point Comfort (WPB-82.317); 1969 an Süd-Vietnam - RVNS Dao Thug (HQ-716)
USCGC Point Herron (WPB-82.318); 1991 an Mexiko
USCGC Point Orient (WPB-82.319); 1970 an Süd-Vietnam - RVNS Nguyen Kim Hung (HQ-722)
USCGC Point Kennedy (WPB-82.320); 1970 an Süd-Vietnam - RVNS Huynh Van Ngan (HQ-713)
USCGC Point Lomas (WPB-82.321); 1970 an Süd-Vietnam - RVNS Van Dien (HQ-718/9)
USCGC Point Hudson (WPB-82.322); 1969 an Süd-Vietnam - RVNS Dang Van Hoanh (HQ-704)
USCGC Point Grace (WPB-82.323); 1970 an Süd-Vietnam - RVNS Dam Thoai/Ho Dang La(HQ-716/20)
USCGC Point Grey (WPB-82.324); 1970 an Süd-Vietnam - RVNS Huynh Bo (HQ-723)
USCGC Point Dume (WPB-82.325); 1970 an Süd-Vietnam - RVNS Truong Tien (HQ-709)
USCGC Point Cypress (WPB-82.326); 1970 an Süd-Vietnam - RVNS Ho Duy (HQ-724)
USCGC Point Banks (WPB-82.327); 1970 an Süd-Vietnam - RVNS Ngo Van Quyen (HQ-718/9)
USCGC Point Gammon (WPB-82.328); 1969 an Süd-Vietnam - RVNS Nguyen Dao (HQ-704)
USCGC Point Wellcome (WPB-82.329); 1970 an Süd-Vietnam - RVNS Nguyen Han (HQ-717)
USCGC Point Ellis (WPB-82.330); 1969 an Süd-Vietnam - RVNS Le Ngog Thanh (HQ-705)
USCGC Point Marone (WPB-82.331); 1970 an Süd-Vietnam - RVNS Truong Ba (HQ-725)
USCGC Point Roberts (WPB-82.332)
USCGC Point Highland (WPB-82.333); 2001 an Trinidad & Tobago: Baclet Point
USCGC Point Ledge (WPB-82.334); 1998 an Venezuela
USCGC Point Countess (WPB-82.335); 2000 an Georgien
USCGC Point Glass (WPB-82.336)
USCGC Point Divide (WPB-82.337)
USCGC Point Bridge (WPB-82.338); 2001 an Costa Rica
USCGC Point Chico (WPB-82.339); 2001 an Costa Rica
USCGC Point Batan (WPB-82.340); 1999 an Dominikanische Republik
USCGC Point Lookout (WPB-82.341)
USCGC Point Baker (WPB-82.342); 2002 an Georgien
USCGC Point Wells (WPB-82.343); 2000 an Kolumbien
USCGC Point Estero (WPB-82.344); 2001 an Kolumbien
USCGC Point Judith (WPB-82.345); 1992 an Venezuela – Alcatraz (PG-32)
USCGC Point Arena (WPB-82.346)
USCGC Point Bonita (WPB-82.347); 2001 an Trinidad & Tobago: Baclet Point
USCGC Point Barrow (WPB-82.348); 1991 an Panama – Tres de Noviembre (P-204)
USCGC Point Spencer (WPB-82.349); 2000 an Dominikanische Republik
USCGC Point Franklin (WPB-82.350); 1998 an Venezuela – Pelicano (PG-34)
USCGC Point Bennett (WPB-82.351); 1991 an Trinidad & Tobago
USCGC Point Sal (WPB-82.352); 2001 an Kolumbien
USCGC Point Monroe (WPB-82.353)
USCGC Point Evans (WPB-82.354); 1999 an Philppinen
USCGC Point Hannon (WPB-82.355); 2001 an Panama
USCGC Point Francis (WPB-82.356); 1999 an Panama – 10 de Noviembre (PG-207)
USCGC Point Huron (WPB-82.357); 1999 an Panama – 28 de Noviembre (PG-206)
USCGC Point Stuart (WPB-82.358); 2001 an El Salvador
USCGC Point Steele, ex-Point Buchon (WPB-82.359); 1998 an Antigua-Barbuda -Hermitage (P-03)
USCGC Point Winslow (WPB-82.360); 2000 an Panama
USCGC Point Charles (WPB-82.361)
USCGC Point Brown (WPB-82.362)

USCGC Point Novell (WPB-82.363); 1999 an Jamaika – Savanna Point
USCGC Point Whitehorn (WPB-82.364)
USCGC Point Turner, ex-Point Houghton (WPB-82.365); 1998 an St. Lucia – Alphonse Reynolds (P-03)
USCGC Point Lobos (WPB-82.366)
USCGC Point Knoll (WPB-82.367); 1991 an Venezuela – Petrel (PG-31)
USCGC Point Warde (WPB-82.368); 2000 an Kolumbien
USCGC Point Heyer (WPB-82.369); 1999 an Trinidad & Tobago
USCGC Point Richmond (WPB-82.370); 1997 an Ecuador – 23 de Mayo
USCGC Point Barnes (WPB-82.371); 2000 an Jamaika
USCGC Point Brower (WPB-82.372); 2003 an Aserbeidschan – Marine Brigade Ship S-201
USCGC Point Camden (WPB-82.373); 1999 an Cost Rica
USCGC Point Carrew (WPB-82.374); 2000 an Argentinien – ARA Rio Santiago (P-66)
USCGC Point Doran (WPB-82.375); 2000 an Philippinen
USCGC Point Harris (WPB-82.376)
USCGC Point Hobart (WPB-82.377); 1999 an Argentinien – ARA Punta Mogotes (P-65)
USCGC Point Jackson (WPB-82.378); 2000 an Turkmenistan - Merjin
USCGC Point Martin (WPB-82.379); 1999 an Donikanische Republik

USCGC-82.368 »Point Warde« in einer undatierten Aufnahme der USCG.

und je eine an El Salvador, St Lucia, Antigua & Barbuda, Ecuador, Aserbeidscanh und Turkmenistan abgegeben. Die verbleibenden Boote wurden bis 2003 außer Dienst gestellt.

Schiffserkennung: Ähnlich der *Point*-Klasse, aber erhöhte Back mit Geschütz, etwas höheres stromlinienförmiges Steuerhaus, Abgaspfosten statt Schornstein sowie etwas kürzer.

WPB-82.301 bis WPB-82.379	
Bauwerft	USCGC Yard, Baltimore (53), J.M. Martinac Spbdg. (26)
Stapellauf	1960 bis 1970
Wasserverdrängung	76 ts
Abmessungen (LxBxT)	25 x 4,9 x 1,8 m
Antrieb	Diesel, 1600 PS, 2 Wellen
Geschwindigkeit	20 kn
Bewaffnung	1 x 81 mm Mörser, 1 MG, Hedgehog

4.3.10 WMEH-1 High Point

Der U-Boot-Jäger des Tragflügeltyps *USS Highpoint*, HPC-1 (Patrol Craft Hydrofoil/Hydrofoil Submarine Chaser) war ein Experimentalboot von 120ts/115 Fuß Länge und wurde 1962 bis 1963 bei der Martinac Shipbuilding Corp. in Tacoma gebaut, der gesamte Antriebsbereich kam separat von der Boeing Co. in Seattle. Das Boot wurde 1975 an die US Coast Guard als Tragflügel-Kutter mittlerer Reichweite (WMEH-1) abgegeben, 1980 gestrichen, und diente danach von 1985 bis 1989 noch der Fa. Boeing als Experimentalplattform für künftige PHM (Tragflügel-Flugkörperschnellboote) der U.S. Navy.

WMEH-1	
Bauwerft	J.M. Martinac Spbdg./Boenig Corp.
Stapellauf	1962
Wasserverdrängung	110 ts
Abmessungen (LxBxT)	35,1 x 6,7 x 5,2 m
Antrieb	CODOG, 6200 PS, 2 Wellen
Geschwindigkeit	48 kn
Bewaffnung	1 x 40 mm, 4 32 cm ASW-Torpedorohre oder Harpoon SSM

Schiffserkennung: Glattdecker (Flushdecker) mit Decksprung, Geschütz auf der Back, kompakter längerer Brücken/Aufbaukomplex in der vorderen Hälfte, Mast auf dessen achteren Ende, zwei parallel angeordneten markanten Schornsteinen und zeitweise Raketenstartern am Heck.

Das Tragflügelboot WMEH-1 »High Point« mit USCG-Kennung am 25. April 1974, aufgenommen vor San Francisco.

4.3.11 WPBH-1 Flagstaff

Das 67 ts/82-Fuß Tragflügel-Kanonenboot (Fuß-Patrol Gunboat/ Hydrofoil/ Hydrofoil Gun Boat) PGH-1, *USS Flagstaff* wurde 1968 in Dienst gestellt und nach intensiven Erprobungen der neuen Tragflügeltechnologie durch die U.S. Navy 1974, mit verminderter Bewaffnung, an die US Coast Guard abgegeben. Dort ebenfalls zu Erprobungszwecken verwendet, wo es als WPBH-1 fuhr (in weißem Anstrich). 1978 wurde es dann außer Dienst gestellt und abgebrochen.

WPBH-1	
Bauwerft	Grumman Aircraft Corp.
Stapellauf	1966
Wasserverdrängung	67 ts
Abmessungen (LxBxT)	25 x 6,6 x 5,5 m
Antrieb	CODAG, 3000 PS, 1 Welle und 2 Waterjets
Geschwindigkeit	52 kn
Bewaffnung	1 x 40 mm; 4 MG, 80 mm Mörser

Schiffserkennung: Glattdecker (Flushdecker) mit gering geschwungenem Deckssprung, Geschütz auf der Back, relativ hoher stromlinienförmiger kompakter Brücke vorn dahinter gerader Aufbau mit Schrägmast und Flak-Wannen an der Hinterkante, am Heck größerer Aufbau mit kleinem Schrägschornstein an seiner Vorderkante. Für Verdrängerfahrt oder im Hafen, am Heck beidseits und am Bug voluminöse und hohe Tragflügel mit Finnen und Auftriebskörpern am Ende.

Das ehemalige Navy-Tragflügelboot USS »Flagstaff« (PGH-1) wurde ab 1974 von der an die Coast Guard als WPBH-1 »Flagstaff« zu Erprobungszwecken eingesetzt.

4.3.12 WSES-1 Dorado

Dieser 110-Fuß-Experimental-Kutter WSES-1 *USCGC Dorado* wurde 1980 für die U.S. Navy gebaut, und 1981 an die U.S. Coast Guard ausgeliehen. Es kombinierte einen SWATH-Katamaran-Rumpf mit der zuschaltbaren Luftkissen-Technologie.

WSES-1	
Bauwerft	Bell Halter, New Orleans
Stapellauf	1980
Wasserverdrängung	162 ts
Abmessungen (LxBxT)	33,5 x 11,9 x 2,2 m
Antrieb	Diesel, 1800 + 378 PS
Geschwindigkeit	33 kn
Bewaffnung	Kleinwaffen

USCGC »Dorado« (WSES-1) wurde 1981 von der Navy an die Coast Guard zu Erprobungszwecken ausgeliehen. Der Kutter hatte einen Katamaran-Rumpf und war mit zuschaltbarer Luftkissen-Technologie ausgestattet.

1982 wurde das Schiff an die U.S. Navy zurückgegeben, die es 1987 als Surface Effect Ship *USS SES-200* mit dem inoffiziellen Namen *Sea Flyer* wieder in Dienst stellte. Nach einem Umbau 2000 bis 2003 zum Trimaran SWATH/Tragflügel Hybridschiff als *USS IX-510* erneut in Dienst gestellt und 2010 wieder außer Dienst genommen.

4.2.13 WSES-2 Sea Hawk-Klasse

WSES-2 bis WSES-4	
Bauwerft	Bell Halter, New Orleans
Stapellauf	1982
Wasserverdrängung	152 ts
Abmessungen (LxBxT)	33,3 x 11,9 x 3 m
Antrieb	Diesel, 1800 + 378 PS
Geschwindigkeit	>30 kn
Bewaffnung	Kleinwaffen

Nachdem die U.S. Coast Guard die Versuche mit WSES-1 positiv bewertet hatte, orderte sie drei eigene 109-Fuß-Einheiten dieses Typs. Die drei Einheiten wurden als eigene Division in Key West zusammengefasst und erhielten schwarz gemalte Rümpfe. Die Außerdienststellung erfolgte Anfang 1992.

Schiffserkennung: Ähnlich WSES-1, aber der Brückenaufbau war etwas weiter hinten angeordnet und länger, so dass das Achterdeck nur noch etwa die Hälfte der Schiffslänge ausmachte, und die Schiffe etwas »plumper« wirkten.

USCGC Sea Hawk (WSES-2)
USCGC Shearwater (WSES-3)
USCGC Petrel (WSES-4)

USCGC »Sea Hawk« (WSES-2), Typschiff einer Klasse von drei Kuttern, die auf Basis der Versuche mit USCGC »Dorado« (WSES-1) gebaut wurden. Es handelt sich um Luftkissenfahrzeuge mit starren Seitenwänden aus einer leichten Aluminiumlegierung.

4.3.14 WPB-1301 Island (Farallon)-Klasse

Diese 49 Einheiten umfassende Klasse von 110-Fuß-Kuttern der -*Island*-Klasse sollten die 36 der *Cape*-Klasse ersetzen. Sie wurden von 1985 bis 1992 nach einem Vosper-Thornycroft-Entwurf gebaut. Eine 2002 bis 2004 begonnene Modernisierung der Einheiten mit Verlängerung des Hecks um 13 Fuß und Einrichtung einer RHIB-Schnellabsetzrampe am Heck scheiterte technisch, so dass alle acht umgebauten Schiffe bereits 2006 außer Dienst gestellt wurden, und die restlichen Einheiten nicht mehr umgebaut wurden. Stattdessen wurden die WPC der Sentinel-Klassse (Abschnitt 4.2.12) im Rahmen des Integrated Systems Deepwater Programms neu gebaut, die die Island -Klasse sukzessive ersetzen wird. Nachdem vier Einheiten an die Ukraine, je zwei an Georgien, Costa Rica und Pakistan abgegeben wurden und vier an die zivile

USCGC »Chandeleur« (WPB-1319) der Island-Klasse. Diese 49 Kutter umfassende Klasse (110-Fuß) wurde 1985 bis 1992 als Ersatz für die Kutter der Cape-Klasse gebaut, Typschiff ist USCGC »Farallon« (WPB-1301).

USCGC Farallon (WPB-1301)
USCGC Manitou (WPB-1302); nach Umbau 2006 außer Dienst
USCGC Matagorda (WPB-1303); nach Umbau 2006 außer Dienst
USCGC Maui (WPB-1304)
USCGC Monhegan (WPB-1305); nach Umbau 2006 außer Dienst
USCGC Nunivak (WPB-1306); nach Umbau 2006 außer Dienst
USCGC Ocracoca (WPB-1307); an Ukraine - Surny (P-192)
USCGC Vashon (WPB-1308); nach Umbau 2006 außer Dienst
USCGC Aqwuidneck (WPB-1309)
USCGC Mustang (WPB-1310)
USCGC Naushon (WPB-1311)
USCGC Sanibel (WPB-1312)
USCGC Edisto (WPB-1313)
USCGC Sapelo (WPB-1314)
USCGC Mantinicus (WPB-1315)
USCGC Nantucket (WPB-1316)
USCGC Attu (WPB-1317); nach Umbau 2006 außer Dienst
USCGC Baranof (WPB-1318)
USCGC Chandeleur (WPB-1319)
USCGC Chincoteague (WPB-1320)
USCGC Cushing (WPB-1321); 2018 an Ukraine - Sloviansk (P-190)
USCGC Cuttyhunk (WPB-1322)
USCGC Drummond (WPB-1323); 2018 an Ukraine - Starobilsk (P-191)
USCGC Key Largo (WPB-1324)
USCGC Metompkin (WPB-1325); nach Umbau 2006 außer Dienst

USCGC Monomoy (WPB-1326)
USCGC Orcas (WPB-1327)
USCGC Padre (WPB-1328); nach Umbau 2006 außer Dienst
USCGC Sitkanac Island (WPB-1329)
USCGC Tybee (WPB-1330)
USCGC Washington (WPB-1331); 2019 an Ukraine - Fastiv (P-193)
USCGC Wrangell (WPB-1332)
USCGC Adak (WPB-1333)
USCGC Liberty (WPB-1334)
USCGC Anapaka (WPB-1335)
USCGC Kiska (WPB-1336); 2020 an Ukraine – Vyacheslav Kubrak (P-195)
USCGC Assateague (WPB-1337)
USCGC Grand Isle (WPB-1388); an Pakistan
USCGC Key Biscayne (WPB-1339); an Pakistan
USCGC Jefferson Island (WPB-1340); 2016 an Georgien - Ochamchire
USCGC Kodiak Island (WPB-1341)
USCGC Long Island (WPB-1342); an Costa Rica – Gen. Jose M. Canas Escamilla
USCGC Bainbridge Island (WPB-1343); 2017 an Sea Shepards – Sharpie
USCGC Block Island (WPB-1344); an Sea Shepards – Jules Verne
USCGC Staten Island (WPB-1345); 2016 an Georgien - Dioskuria
USCGC Roanoke Island (WPB-1346); an Ukraine- Surny (P-192)
USCGC Pea Island (WPB-1347); 2015 an Sea Shepards – Ferlay Mowat
USCGC Knight Island (WPB-1348)
USCGC Galvestone Island (WPB-1349)

Links USCGC »Anapaka« (WPB-1335), daneben USCGC »Liberty« (WPB-1334) der Island-Klasse und der kleine Kutter USCGC-45.662, ein Fast Response Boat-Medium, in der Auke Bay in Alaska 2018.

Kutter der Island-Klasse werden an Bord des Frachtschiffs »BBC Spain« für den Einsatz im Mittelmeer ausgeladen, zwei Kräne arbeiten im Tandem von einem Lastkahn aus, um den Kutter zu heben. Schwebend USCGC »Bainbridge Island« (WPB-1343); die Aufnahme stammt aus Sizilien vom März 2003.

Wal-Schutz-Organistion Sea Shepards verkauft wurden, sind 2022 noch 37 Einheiten im aktiven Dienst der U.S. Coast Guard.

Schiffserkennung: Glattdecker (Flushdecker) mit Schanzkleid vorn, Steuerhaus mit Gittermast in der Schiffsmitte, dahinter flacher Aufbau mit RHIB und Kran darauf. Geschütz vor der Brücke, Spiegelheck. Die umgebauten Einheiten hatten ein deutlich verlängertes Achterdeck mit RHIB-Slipanlage und Kranstruktur am Heck.

WPB-1301 bis WPB-1349	
Bauwerft	Bollinger
Stapellauf	1985 bis 1992
Wasserverdrängung	168 ts, n.Umbau 183 ts.
Abmessungen (LxBxT)	33,5 (n.U. 37,5) x 6,4 x 1,8 (n.U. 2,2) m
Antrieb	Diesel, 6000 PS, 2 Wellen
Geschwindigkeit	20 kn
Bewaffnung	1 x 25 mm, 2 MG

Ex-USCGC »Cushing« (WPB-1321) ging 2018 an die Ukraine als »Sloviansk« (P-190) und wurde am 3. März 2022 vor Odessa durch eine russische Kh-31 (X-31) Rakete zerstört; Aufnahme aus 2020 (Foto: armyinform.com.ua).

4.3.15 WPB-87.301 Protector (Barracuda)-Klasse

Diese Klasse wird auch als Marine *Protector*-Klasse bezeichnet. Die 73 Küsten-Patrouillen-Kutter von 87-Fuß Länge (WPB-87.301 bis 87.379) wurden von 1998 bis 2009 nach dem Stan 2600-Entwurf durch die niederländische Damen Group gebaut. Sie ersetzten sukzessive die 79 Einheiten der *Point*-Klasse. Eine Einheit ging 2002 direkt an Malta, drei Einheiten wurden 2021 an Uruguay abgegeben, eine weitere bereits außer Dienst gestellt. Die Außerdienststellung weiterer acht Einheiten, deren Aufgaben ebenfalls von der *Sentinel*-Klasse (Abschnitt 4.2.12) mit übernommen werde sollen, wurde ab 2021 vorgesehen. Jeweils zusätzlich gebaute Schiffe gingen 2009 an den Yemen (*Sana'a* und *Aden*), von denen ersteres 2017 versenkt wurde, und ein weiteres an Malta (*P-52*).

WPB-87.301 bis WPB-87.379	
Bauwerft	Bollinger
Stapellauf	1998 bis 2005
Wasserverdrängung	168 ts, n.Umbau 183 ts.
Abmessungen (LxBxT)	27 x 5,9 x 1,7 m
Antrieb	Diesel, 2500 PS, 2 Wellen
Geschwindigkeit	25 kn
Bewaffnung	2 MG

Schiffserkennung: Glattdecker (Flushdecker), Steuerhaus mit schräg nach vorn geneigter Front etwas vor der Schiffsmitte und mit Gittermast. Am Spiegelheck RHIB mit Slipanlage und Kranstruktur.

USCGC »Ridley« (WPB-87.328) der Marine Protector-Klasse, von der 73 Kutter (WPB-87.301 bis 87.379) von 1998 bis 2009 nach Entwurf der der niederländischen Damen Group gebaut wurden, als Ersatz für die Kutter der Point-Klasse.

USCGC Barracuda (WPB-87.301)
USCGC Hammerhead (WPB-87.302)
USCGC Mako (WPB-87.303)
USCGC Marlin (WPB-87.304)
USCGC Stingray (WPB-87.305)
USCGC Dorado (WPB-87.306); 2021 außer Dienst
USCGC Osprey (WPB-87.307)
USCGC Chinook (WPB-87.308)
USCGC Albacore (WPB-87.309); 2021 an Uruguay
USCGC Tarpon (WPB-87.310)
USCGC Cobia (WPB-87.311)
USCGC Hawksbill (WPB-87.312)
USCGC Cormorant (WPB-87.313)
USCGC Finback (WPB-87.314)
USCGC Amberjack (WPB-87.315)
USCGC Kittiwake (WPB-87.316)

USCGC Blackfin (WPB-87.317)
USCGC Bluefin (WPB-87.318)
USCGC Yellowfin (WPB-87.319)
USCGC Manta (WPB-87.320)
USCGC Coho (WPB-87.321)
USCGC Kingfisher (WPB-87.322)
USCGC Seahawk (WPB-87.323)
USCGC Steelhead (WPB-87.324)
USCGC Beluga (WPB-87.325)
USCGC Blacktip (WPB-87.326)
USCGC Pelican (WPB-87.327)
USCGC Ridley (WPB-87.328)
USCGC Cochito (WPB-87.329); 2021 an Uruguay
USCGC Manowar (WPB-87.330)
USCGC Moray (WPB-87.331)
USCGC Razorbil (WPB-87.332)
USCGC Adelie (WPB-87.333)
USCGC Gannet (WPB-87.334); 2021 an Uruguay
USCGC Narwhal (WPB-87.335)
USCGC Sturgeon (WPB-87.336)
USCGC Sockeye (WPB-87.337)
USCGC Ibis (WPB-87.338)
USCGC Pompano (WPB-87.339)
USCGC Halibut (WPB-87.340)
USCGC Bonito (WPB-87.341)
USCGC Shrike (WPB-87.342)
USCGC Tern (WPB-87.343)
USCGC Heron (WPB-87.344)
USCGC Wahoo (WPB-87.345)
USCGC Flyingfish (WPB-87.346)
USCGC Haddock (WPB-87.347)
USCGC Brant (WPB-87.348)
USCGC Shearwater (WPB-87.349)
USCGC Petrell (WPB-87.350)
(WPB-87.351); 2002 an Malta - P-51
USCGC Sealion (WPB-87.352)
USCGC Skipjack (WPB-87.353)
USCGC Dolphin (WPB-87.354)
USCGC Hawk (WPB-87.355)
USCGC Saifish (WPB-87.356)
USCGC Sawfish (WPB-87.357)
USCGC Swordfish (WPB-87.358)
USCGC Tiger Shark (WPB-87.359)
USCGC Blue Shark (WPB-87.360)
USCGC Sea Horse (WPB-87.361)
USCGC Sea Otter (WPB-87.362)
USCGC Manatee (WPB-87.363)
USCGC Ahi (WPB-87.364)
USCGC Pike (WPB-87.365)
USCGC Terrapin (WPB-87.366)
USCGC Sea Dragon (WPB-87.367)

USCGC »Adelie« (WPB-87.333) in Statter Harbor, Auke Bay bei Juneau, Alaska im August 2019.

USCGC Sea Devil (WPB-87.368)
USCGC Crocodile (WPB-87.369)
USCGC Diamondback (WPB-87.370)
USCGC Reef Shark (WPB-87.371)
USCGC Alligator (WPB-87.372)
USCGC Sea Dog (WPB-87.373)
USCGC Sea Fox (WPB-87.374)

USCGC »Flyingfish« (WPB-87.346) der Marine Protector-Klasse, fotografiert am 21. September 2011 in Boston.

4.4. Kutter, Patrouillen-Yacht-Typ (WYP, WYPc)

4.4.1 WYP-163-Klasse

Die 44 Patrouillen-Yacht-Kutter WYP-163 bis WYP-384 waren mit einer Ausnahme alle unter 400 ts, jedoch (mit zwei Ausnahmen) alle mit mehr als etwa 150 ts vermessen. Sie wurden zwischen 1901 und 1941 gebaut und kamen 1942 durch Requirierung in den Bestand der U.S. Coast Guard. Es handelte sich dabei großteils um ehemalige Trawler. Sie waren meist mit kleinkalibrigen Rohrwaffen und Wasserbombenabwurfgestellen bewaffnet. Fünf gingen im Krieg verloren. Fast alle überlebenden Einheiten wurden nach Ende des Krieges an die Eigner zurückgegeben oder veräußert. WYP-367 gelangte 1955 an die Marine von Haiti.

Schiffserkennung: Höchst heterogene Klasse aus Privat-Yachten, Behördenfahrzeugen und vor allem Fischdampfern, Walfangbooten und dergleichen, sowie sogar einer ehemaligen Sloop der Royal Navy aus dem ersten Weltkrieg (»Kil«-Klasse).

WYP-163 bis WYP-384 (44 Einheiten)	
Bauwerft	Bath (4), Bethlehem (3) Snow (3), Humphreys (3), Abott (3), Portland (2), Davis (2), Tull (2), Pocomoke (2), Akers, N (2), Moss, N (2) u. 16 weitere
Stapellauf	1901 bis 1941
Wasserverdrängung	78 bis 386 ts
Abmessungen (LxBxT)	30,5 bis 50,1 x 4,6 bis 9,2 x bis 1,7 bis 4,5 m
Antrieb	Diesel, Dampf o. Benzin, 175 bis 2300 PS, 1 bis 2 Wellen
Geschwindigkeit	8 bis 14 kn
Bewaffnung	0 bis 2 x 76 mm; 0 bis 1 x 57 mm; 0 bis 2 x 20 mm, Wabo

USCGC »Atak« (WYP-163), einer der vielen Trawler, die 1942 von der Regierung requiriert, dann an die USCG übertragen und mit WYP klassifiziert wurden. Die Aufnahme entstand am 20. Juni 1942 in der Boston NY.

Der auf Grund gelaufene Kutter USCGC „Bodega“ (WYP-342) vor Fort Randolph an der Mündung des Panama-Kanals am 21. Dezember 1943, davor einige Besatzungsmitglieder. Der Kutter war während eines Hilfseinsatzes für das auf Grund gelaufene Liberty-Schiff SS „James Withycombe“ gestrandet, das im Hintergrund bereits auseinanderzubrechen beginnt. Trotz des Malheurs überlebten alle Besatzungsmitglieder der beiden Schiffe.

USCGC Atak (WYP-163)
USCGC Aivik (WYP-164)
USCGC Arvek (WYP-165)
USCGC Amarok (WYP-166)
USCGC Arluk (WYP-167)
USCGC Aklak (WYP-168)
USCGC Nanck (WYP-169)
USCGC Natsek (WYP-170)
USCGC Nogak (WYP-171)
USCGC Alatok (WYP-172)
USCGC Kodiak (WYP-173)
USCGC Caddo (WYP-174)
USCGC Marita (WYC-175)
USCGC Brusstar (WYP-312)
USCGC Covington (WYP-314)
USCGC Vernon McNeal (WYP-318)
USCGC Conant (WYP-320)
USCGC Reed (WYP-322)
USCGC Margaret (WYP-323)
USCGC Humphreys (WYP-325)
USCGC Rowe (WYP-328)
USCGC Pelican (WYP-329)
USCGC Seabird (WYP-330)
USCGC Wilcox (WYP-333)
USCGC Bronco (WYP-340)
USCGC Bodega (WYP-342)
USCGC Dow (WYP-353)
USCGC Warren Edwards (WYP-354)
USCGC Joe (WYP-356)
USCGC Edwards (WYP-357)
USCGC Messick (WYP-358)
USCGC Euphane (WYP-360)
USCGC Northumberland (WYP-361)
USCGC Pocahontas (WYP-362)
USCGC Black Rock (WYP-367)
USCGC Bellefont (WYP-373)
USCGC Thorgaut (WYP-377)
USCGC Thoris (WYP-378)
USCGC Ottern (WYP-379)
USCGC Globe Eight (WYP-380)
USCGC Globe (WYP-381)
USCGC Pol (WYP-382)
USCGC Thorfinn (WYP-383)
USCGC Thorfjell (WYP-384)

USCGC »Amarok« (WYP-166), ein weiterer Trawler in USCG-Diensten, aufgenommen in Süd-Grönland.

USCGC »Arvek«, ex »Triton« (WYP-165), ein Trawler aufgenommen während der Umrüstung für USCG-Aufgaben; Foto vom 29. Mai 1942.

USCGC »Arluk«, ex »Atlantic« (WYP-167) bei der Umrüstung in der Werft am 29. Mai 1942.

Der auf Grund gelaufene Kutter USCGC »Bodega« (WYP-342) am 21. Dezember 1943, davor einige Besatzungsmitglieder, dahinter das ebenfalls auf Grund gelaufene Liberty-Schiff SS »James Withy Combe«, das bereits beginnt auseinanderzubrechen.

4.4.2 WYPc-27-Klasse

Die elf Küsten-Patrouillen-Yacht-Kutter WYPc-27 bis WYPc-386 waren mit zwei Ausnahmen alle mit unter 300 ts vermessen (jedoch fast alle mit mehr als 100 ts). Sie wurden zwischen 1910 und 1930 gebaut und 1942 für die U.S. Coast Guard in Dienst gestellt. Meist waren sie mit kleinkalibrigen Rohrwaffen und Wasserbombenabwurfgestellen ausgestattet. Keine der Kutter-Einheiten ging im Zweiten Weltkrieg verloren. Alle Einheiten wurden nach Ende des Krieges an die Eigner zurückgegeben oder veräußert.

Schiffserkennung: Höchst heterogene Klasse aus Privat-Yachten, Behördenfahrzeugen und vor allem Fischdampfern und dergleichen.

WYPc-27 bis WPYc-386 (10 Einheiten)	
Bauwerft	Bethlehem, Robins, Nevins, Pusey & Jones, Beth, Lawley, Martinolich, I u.a.
Stapellauf	1910 bis 1930
Wasserverdrängung	79 bis 357 ts
Abmessungen (LxBxT)	31,4 bis 55,8 x 5,8 bis 9,1 x bis 2,4 bis 5,4 m
Antrieb	Diesel o. Dampf, 150 bis 1400 PS, 1 Welle
Geschwindigkeit	7 bis 12 kn
Bewaffnung	0 bis 2 x 20 mm; 0 bis 2 x 13 mm, Wabo

USCGC »Alatok« (WYP-172), aufgenommen in Kingya Bay Grönland, 1943.

USCGC Colleen (WYPc27)
USCGC Wicomico (WYPc-158)
USCGC Micawber (WYPc-159)
USCGC Nellwood (WYPc-337)
USCGC Blanco (WYPc-343)
USCGC Madalan (WPYc-345)
USCGC Bedford (WYPc-346)
USCGC Thalassa (WYPc-348)
USCGC Boulder (WYPc-352)
USCGC Blanchard (WYPc-369)
USCGC Gertrude L. Thebaud (WYPc-386)

4.5. Kutter, Eisbrecher-Typ (WAGL, WAG, WAGB, WTGB, WLBB, WPSC)

4.5.1 WAGL-38 (WAG-38, WAGB-38, WMEC-38) Storis

Der leichte Eisbrecher, der 230-Fuß-Kutter WAG-38, *USCGC Storis* wurde 1942 in Dienst gestellt und zunächst auf der Grönland-Station gegen deutsche Wetterbeobachtungsschiffe und -stationen sowie im arktischen Konvoi-Dienst eingesetzt. Ursprünglich war der Name »Eskimo« vorgesehen. Ursprünglich sogar als Eispatrouillen-Tender (WAGL), dann bald als allgemeines Hilfsschiff (WAG) klassifiziert, wurde das Schiff 1966 zum (Großen) Eisbrecher (WAGB) und 1972 sogar noch zum Kutter mit mittlerer Ausdauer (WMEC) umklassifiziert. Erst 2007 stellte man das Schiff außer Dienst.

WAG-38	
Bauwerft	Toledo Sbdg., Ohio
Stapellauf	1942
Wasserverdrängung	1715 ts.
Abmessungen (LxBxT)	70,1 x 13,1 x 4,3 m
Antrieb	Diesel, 1800 PS, 1 Welle
Geschwindigkeit	14 kn
Bewaffnung	1 bis 2 x 76 mm; 2 x 40 mm; 4 x 20 mm, 1 Flugzeug

Schiffserkennung: Hoher Eisbrecherbug mit Geschütz auf der Back, niedrigeres Vorschiff, dann bis zum Heck ein Deck höherer Rumpf bis zum Kreuzerheck mit Schanzkleid. In der Schiffsmitte hohe Aufbauten mit Brücke vorne, leicht schräger Schornstein und Dreibeinmast dazwischen. Vor dem Steuerhaus mit seinem brückenartigen Vorbau ein großer Ladebaum, wie bei den Leuchtturmtendern, auf dem Achterdeck ein flacher, fast bis zur Bordwand reichender Aufbau mit Fluganlage mit Kran. Später wurden der Aufbau und die Fluganlage entfernt, das Achterdeck blieb leer. Das Steuerhaus wurde nach achtern um den Schornstein herum verlängert, von dem nur noch ein Drittel frei daraus hervorschaut.

USCGC »Storis« (WMEC-38) ein letztes Mal auslaufend Kodiak, Alaska am 12. März 2007, kurz nach der formellen Außerdienststellung nach immerhin 64 Dienstjahren in der USCG.

4.5.2 WAG-278 (WAGB-278) Wind (Northwind)-*Klasse*

Diese sieben 269-Fuß-Eisbrecher wurden von 1942 bis 1946 gebaut, die ersten fünf (als WAG-278 bis WAG-282) für die U.S. Coast Guard, die letzten beiden (als AG-88 bis AG-89) für die U.S. Navy. Letztere wurden jedoch 1965 bzw. 1967 (als WAGB-283 und WAGB-284) an die U.S. Coast Guard abgegeben. WAG-278, WAG-280 und WAG-281 wurden 1945 leihweise an die Sowjetunion abgegeben, 1951 wurden WAG-278, WAG-280 und WAG-281 (als AGB-5 und AGB-3 unter neuen Namen) an die U.S. Navy übergeben und nur WAG-281 behielt (als AGB-6) den Namen. Die Einheiten bei der U.S. Navy wurden ab 1950 zu »AGB« und die der U.S. Coast Guard zu »WAGB« umklassifiziert. 1966 wurden auch die übrigen drei Schiffe der U.S. Navy wieder an die U.S. Coast Guard übergeben, wobei der *USCGC Southwind* seinen ursprünglichen Namen zurückerhielt und alle jetzt »WAGB« wurden. Alle anderen behielten ihre U.S. Navy-Namen. So behielt auch *USCGC Northwind* (I) ihren Namen *Staten Island*, da 1945 ein *USCGC Northwind* (II) in Dienst gestellt worden war, der, wie der *USCGC Eastwind*, stets bei der U.S. Coast Guard verblieb. Zwischen 1968 und 1989 wurde alle Einheiten außer Dienst gestellt. Die *Eastwind* hob 1944 die deutsche Wetterstation *Edelweiß II* in Ost-Grönland aus und nahm das deutsche Wetterbeobachtungsschiff *Externsteine* als Prise.

WAG-278 bis WAG-282, WAGB-283 und WAGB-284	
Bauwerft	Western Pipe & Steel, San Pedro
Stapellauf	1942 bis 1946
Wasserverdrängung	3500 ts.
Abmessungen (LxBxT)	82 x 19,4 x 7,8 m
Antrieb	Diesel, 13300 PS, 3 Wellen
Geschwindigkeit	16 kn
Bewaffnung	1 bis 4 x 127 mm; 4 bis 12 x 40 mm, 1 Flugzeug/Helikopter

Schiffserkennung: Hoher Eisbrecherbug mit Geschützturm auf der Back, Inseltyp mit leicht vor Schiffsmitte gelegenen hohen Aufbauten mit Brücke und Pfahlmast und stromlinenförmigem geradem Schornstein mit schräger Kappe dahinter zwei kräftige Kräne dazwischen Flugzeuganlage, dahinter ein weiterer Geschützturm. Vor der Brücke ein flacher dreieckiger Aufbau mit Flak, weitere Flak-Wannen u.a. auf dem flachen Achterdeck mit Kreuzerheck. Bei Nachkriegsumbauten wurde der hintere Geschützturm entfernt und dafür ein flaches Heli-Deck auf das Achterschiff gesetzt, die Flak-Bewaffnung wurde weitgehend ausgebaut. Ab 1965 erhielten die Schiffe einen Teleskop-Hangar. Bei *Westwind* und *Northwind* wurde 10 Jahre später zusätzlich noch der Schornstein deutlich erhöht, die schweren Kräne ausgebaut und auch der vordere Geschützturm entfernt.

USCGC »Burton Island« (WAGB-283, ex AG-88).

Eisbrecher USCGC »Northwind« (WAGB-278), ex AGB-5 »Staten Island« der Navy, davor bereits WAGB-278 der USCG, Typschiff der Klasse, das 1942 vom Stapel lief.

USCGC »Westwind« (WAGB 281), in einer Aufnahme um 1960.

USCGC »Westwind« (WAG-281) in der Arktis, undatierte Aufnahme (Samml. K. Midberry/USCG).

Der Eisbrecher USCGC »Eastwind« (WAGB-279) der Wind-Klasse, aufgenommen in den 1950er-Jahren.

USCGC »Northwind (II)« (WAGB-282), fotografiert um 1967.

USCGC Northwind (I) (WAG-278); 1945 au SU, 1951 an USN AGB-5 USS Staten Island, 1966 WAGB
USCGC Eastwind (WAG-279); 1951 WAGB-279
USCGC Southwind (WAG-280), 1945 an SU, 1951 an USN AGB-3 USS Atka, 1966 WAGB-280 Southwind
USCGC Westwind (WAG-281); 1945 an SU; 1951 an USN AGB-6 USS Westwind, 1966 WAGB-281
USCGC Northwind (II) (WAGB-282); 1951 WAGB-292
USCGC Burton Island (WAGB-283); ex-AG/AGB-1 USS Burton Island
USCGC Edisto (WAGB-284), ex-AG/AGB-2 USS Edisto

Eisbrecher arbeiten ja sehr häufig in der Polarnacht, weshalb hier auch eine Nachtaufnahme gebracht werden soll: USCGC »Northwind (II)« (WAGB-282), fotografiert in den 1960ern.

USCGC »Edisto« (WAGB-284, ex AGB-2), in einer Luftaufnahme vom 13. September 2007.

4.5.3 WAGB-83 Mackinaw

Dieses Einzelschiff, der 290-Fuß-Eisbrecher *USSCG Mackinaw* war eine vergrößerte und breitere Variante der *Wind*-Klasse mit niedrigerem Freibord, der 1944 vom Stapel lief, und speziell für die Großen Seen konstruiert worden war. Das Schiff wurde auch als »Queen of the Great Lakes« bezeichnet. Ursprünglich war der Name *Manitowoc* vorgesehen. Die Außerdienststellung erfolgte erst 2006, seitdem liegt sie in Mackinaw City, Michigan, wo es als Museumsschiff dient.

WAGB-83	
Bauwerft	Toledo Shipbuilding
Stapellauf	1944
Wasserverdrängung	5300 ts.
Abmessungen (LxBxT)	88 x 22,6 x 5,9 m
Antrieb	Diesel, 10000 PS, 3 Wellen
Geschwindigkeit	15 kn
Bewaffnung	Kleinwaffen

Schiffserkennung: Vergrößerte und verbreiterte Wind-Klasse mit geringerem Freibord, aber Backdecker. Stets ohne Hangar, Heli-Deck, Geschütz- und Flak-Türme. Der Vorbau vor der Brücke war rechteckig. Die schweren Kräne waren am vorderen Ende des Achterdecks positioniert, anfänglich standen daneben auf der Back noch weitere zwei Kräne.

USCGC »Mackinaw« (WAGB-83) im Eis am St. Marys River in Michigan, am 23. Januar 2004.

USCGC »Mackinaw« (WAGB-83) in der Straße von Mackinac, die den Michigan- und den Huronsee miteinander verbindet, im Januar 1945. Der Eisbrecher ist heute als Museumsschiff im Ice Breaker Mackinaw Maritime Museum in Mackinaw City, Michigan, ausgestellt.

4.5.4. East Breeze

Das im Juni 1944 in Dienst gestellte deutsche Wetterbeobachtungsschiff und Eisbrecher WBS-1 *Externsteine* der Kriegsmarine wurde im Oktober vom Eisbrecher *USCGC Eastwind* erobert und als Prise als *USCGC East Breeze* übernommen. Ende des Jahres wurde sie der U.S. Navy übergeben, die das Schiff als IX-205 *USS Callao* bis 1950 nutzte. Eine U.S. Coast Guard-Kennung erhielt das Schiff zwischenzeitlich nicht.

East Breeze, ex-Externsteine	
Bauwerft	P. Smit, Rotterdam
Stapellauf	1944
Wasserverdrängung	1000 ts.
Abmessungen (LxBxT)	55,8 x 9,2 x 4 m
Antrieb	Dampf, 750 PS, 1 Welle
Geschwindigkeit	10 kn
Bewaffnung	1 x 37 mm; 2 x 20 mm

USCGC »East Breeze«, ex »Externsteine«, ein am 16. Oktober 1944 bei Grönland gekapertes deutsches Wetterschiff (ex Trawler), später USS »Callao« (IX-205).

Schiffserkennung: Trawler-Typ. Glattdecker (Flushdecker) mit starkem Deckssprung vorn und achtern. Lange Walfisch-Back mit Geschütz-Plattform am Bug und Mast mit Ladebaum. Brücke und Aufbauten in der hinteren Schiffshälfte, ein schräger Schornstein hinter der Brücke, am Heck eine weitere Geschütz-Plattform.

4.5.5 WAGB-4 Glacier

Dieses Einzelschiff, der 310-Fuß-Eisbrecher *USCGC Glacier,* war eine vergrößerte Variante der *Wind*-Klasse, der 1954 gleich für die U.S. Navy als AGB-4 *USS Glacier* vom Stapel lief, und 1966 an die U.S. Coast Guard abgegeben wurde. Speziell für arktische und antarktische Forschungs-, Versorgungs- und Konvoifahrten konstruiert, wurde es bei der U.S. Navy bei elf »Deep Freeze«-Expeditionen in die Antarktis eingesetzt. 1987 erfolgte die Außerdienststellung durch die U.S. Coast Guard.

Schiffserkennung: Vergrößerte *Wind*-Klasse, aber Backdecker und von Anfang an Hangar. Geschützturm auf der Back, vor der Brücke ein flacher dreieckiger Aufbau, anfänglich kurzzeitig mit Flak-Turm, weitere zwei Flak-Türme seitlich hinter den Kränen am vorderen Rand des höher aufgeständerten Heli-Decks. Bis 1969 wurden bei der U.S. Coast Guard die hinteren beiden Flak-Türme ausgebaut, bald danach auch der Geschützturm auf der Back.

WAGB-4, ex-AGB-4	
Bauwerft	Ingalls Shipbuilding, Pensacola
Stapellauf	1954
Wasserverdrängung	8600 ts.
Abmessungen (LxBxT)	94,4 x 23 x 8,8 m
Antrieb	Diesel, 21000 PS, 2 Wellen
Geschwindigkeit	18 kn
Bewaffnung	0 bis 2 x 127 mm; 0 bis 6 x 76 mm; 4 x 20 mm, 2 Helikopter

USCGC »Glacier«; man beachte den klassischen Eisbrecherbug.

USCGC »Glacier«, bewaffnet mit einem 127-mm-Doppelgeschützturm, im Eis 1966.

4.5.6 WAGB-10 Polar Star-Klasse

Diese beiden 399-Fuß-Eisbrecher waren die ersten Eisbrecher-Nachkriegsentwürfe der U.S. Cost Guard, die 1973 und 1975 vom Stapel liefen. WAGB-11 *USCGC Polar Sea* wurde bereits 2010 außer Dienst gestellt, das Schwesterschiff war 2022 noch aktiv. Ursprünglich waren sechs Einheiten geplant. Die geplante Höchstgeschwindigkeit von 21 kn wurde nicht erreicht.

WAGB-10, WAGB-11	
Bauwerft	Lockheed Shipbuilding & Constructions, Seattle
Stapellauf	1973 bis 1975
Wasserverdrängung	10430 ts.
Abmessungen (LxBxT)	121,6 x 25,5 x 9,1 m
Antrieb	Diesel, Gasturbinen 18000 o. 60000 PS, 3 Wellen
Geschwindigkeit	18 kn
Bewaffnung	2 x 4 cm, 2 Helikopter

Schiffserkennung: Backdecker mit Deckssprung und Schanzkleid vorne. Große, hohe und breite gerundete Brücke, bis zu den Bordwänden reichend. Dahinter Aufbauten bis zum aufgeständerten Heli-Deck und mit ersten rundem, deutlich höheren Schornstein mit Pfahlmast direkt hinter der Brücke, dahinter wiederum ein Deckshaus mit geschwungenen Seitenwänden und ein zweiter niedrigerer, ebenfalls konischer gerader Schornstein auf dem Hangar-Dach. Ein Kran steht vor der Brücke auf der Back, zwei schwerere seitlich neben dem Hangartor am Beginn des Heli-Decks. Kreuzerheck.

USCGC »Polar Star« (WAGB-10) im Eis in der Antarktis 2007. Knallrote Eisbrecher an sich sind schon sehr fotogen, besonders praktisch ist aber auch der Umstand, dass man immer wieder für ein paar schöne Fotos aussteigen kann.

USCGC Polar Star (WAGB-10)
USCGC Polar Sea (WAGB-11)

USCGC »Polar Star« (WAGB-10) im Eis, mit einem HH-52A Seaguard-Hubschrauber.

USCGC »Polar Sea« (WAGB-11) in einer Aufnahme ca. 2007.

4.5.7 WTGB-101 Bay (Katmai Bay)-*Klasse*

Diese Klasse von neun kleineren 140-Fuß-eisbrechenden Schleppern wurde von 1977 bis 1987 gebaut. Die bislang einzigartige Klassifikation »WTGB« deutet auf ihre duale Rolle als Eisbrecher und Schlepper hin. Anders als die Eisbrecher der U.S. Coast Guard mit zuletzt roten Rümpfen, sind die Rümpfe dieser Klasse, wie Schlepper der U.S. Coast Guard, schwarz gestrichen. Die Boote können beim Eisbrechen einen Blasenteppich um sich erzeugen. Eine geplante zehnte Einheit wurde nicht begonnen.

Schiffserkennung: Glattdecker (Flushdecker) mit Schanzkleid vorne und achtern und in der Draufsicht spitz zulaufendem Bug und Heck. Nur kurze Back und Achterdeck. In der Schiffsmitte Aufbauten mit Brücke, kleinem Pfahlmast und Schornstein darauf.

WTBG-101 bis WTGB-109	
Bauwerft	Tacoma Boatsbuilding Corp. (6), Bay City Marine (3)
Stapellauf	1977 bis 1978
Wasserverdrängung	660 ts.
Abmessungen (LxBxT)	42,7 x 11,4 x 3,8 m
Antrieb	Diesel, 2500 PS, 1 Welle
Geschwindigkeit	15 kn
Bewaffnung	2 x 4 cm

Der kleine Eisbrecher USCGC »Bristol Bay« (WTGB-102) in einer Aufnahme von 2014.

Luftaufnahme von USCGC »Thunder Bay« (WTGB-108) am Hudson River im Januar 2011.

USCGC Katmai Bay (WTGB-101)
USCGC Bristol Bay (WTGB-102)
USCGC Mobile Bay (WTGB-103)
USCGC Biscayne Bay (WTGB-104)
USCGC Neah (WTGB-105)
USCGC Morro Bay (WTGB-106)
USCGC Penobscot Bay (WTGB-107)
USCGC Thunder Bay (WTGB-108)
USCGC Sturgeon Bay (WTGB-109)

USCGC »Neah Bay« (WTGB-105) am vereisten Grand River, Ohio im Februar 2009.

4.5.8 WAGB-20 Healy

WAGB-20	
Bauwerft	Avondale, New Orleans
Stapellauf	1997
Wasserverdrängung	16000 ts.
Abmessungen (LxBxT)	128 x 25 x 8,9 m
Antrieb	Diesel, 30500 PS, 2 Wellen
Geschwindigkeit	17 kn
Bewaffnung	2 Helikopter

Von ursprünglich zwei vorgesehenen Einheiten wurde nur der 420-Fuß-Eisbrecher *USCGC Healy* gebaut, der 1997 vom Stapel lief und 1999 in Dienst gestellt wurde. Der größte Kutter der U.S. Coast Guard erreichte 2015 unbegleitet als erstes US-Überwasserschiff den Nordpol. Der Einsatz zu Forschungszwecken erfolgte vorwiegend in der Arktis, vereinzelt aber auch in der Antarktis.

Schiffserkennung: Inseltyp ohne Deckssprung und mit Schanzkleid vorne. Das Achterdeck ist nochmal stufenförmig abgesenkt. Vergleichsweise kurze Back mit Kran und Deckshaus. Großer, hoher und breiter rechteckiger Brückenaufbau, bis zu den Bordwänden reichend, mit massivem Mast mit Beobachtungskanzel darauf. Dahinter nach einer Lücke steht ein zweiter großer Aufbautenblock mit inkorporiertem Hangar, langgestrecktem relativ niedrigen Schornstein, und zwei schweren Kränen über dem Heli-Deck auf einem weiteren kantigen Aufbau auf dem Achterdeck. Am Spiegelheck befindet sich noch ein großer Portalkran.

USCGC »Healy« (WAGB-20) aufgenommen in der Arktis am 4. Oktober 2015. Ein neuer, modernerer Eisbrecher ist in Bau und wird USCGC »Polar Sentinel« heißen, die Fertigstellung soll im Mai 2025 erfolgen. Die Klasse soll drei Einheiten umfassen.

»The captains view«: USCGC »Healy« (WAGB-20) bei der Arbeit im arktischen Eis, im September 2015.

Heckansicht von USCGC »Healy« (WAGB-20) in der Arktis 2015.

USCGC »Healy« (WAGB-20) ist mit über 16.000 ts der größte und leistungsstärkste Eisbrecher der USCG bzw. der USA und auch größtes Schiff der US-Küstenwache. Das Schiff ist in Seattle, Washington stationiert und wurde 1999 in Dienst gestellt. Die Luftaufnahme entstand bei Probefahrten vor New Orleans 1999.

4.5.9 WLBB-30 Mackinaw

Dieser 240-Fuß-Eisbrecher ersetzte seinen größeren Vorgänger gleichen Namens ab 2006 im Einsatz auf den Großen Seen. Er ähnelt, abgesehen von seinem Eisbrecherbug, durchaus den Leuchtturm- und Bojen-Tendern der U.S. Coast Guard und erhielt vielleicht deswegen die Kennung »WLBB« mit dem zweiten »B« für (Ice-) Breaker, statt »WAGB«, wie sein Vorgänger.

WLBB-30	
Bauwerft	Marinette Marine Corp.
Stapellauf	2005
Wasserverdrängung	3500 ts.
Abmessungen (LxBxT)	73 x 17,8 x 4,9 m
Antrieb	Diesel, 9100 PS, Azipod
Geschwindigkeit	16 kn
Bewaffnung	2 MG

Schiffserkennung: Hohe Back mit Schanzkleid und schwerem Kran. Dahinter ist das Vordeck und die Bordwand stark abgesenkt um dort z.B. Bojen an Deck lagern zu können. Knapp hinter der Schiffsmitte erhebt sich ein kubischer hoher Aufbautenkomplex mit Brücke, Dreibeinmast, abgeschrägtem eckigen Schornstein und kleiner verglaster Kanzel am achteren Ende. Das Achterdeck ist bis auf zwei kleine Kräne jeseits und Boote weitgehend leer.

USCGC »Mackinaw« (WLBB-30) ist ein Mehrzweckschiff mit der Hauptaufgabe schwerer Eisbrecher, das speziell für Operationen auf den nordamerikanischen Großen Seen gebaut wurde. Die Aufnahme stammt aus 2005.

USCGC »Mackinaw« (WLBB-30) beim Legen von Bojen 2006.

Kutter »Mackinaw« (WLBB-30) im Einsatz als Eisbrecher am Lake Superior am 3. April 2014.

4.5.10 WPSC-30 Polar Sentinel-Klasse (Polar Security Cutter)

Seit 2010 hatte die U.S. Coast Guard nur noch drei große, für den polaren Einsatz geeignete Eisbrecher, die U.S. Navy verfügte bereits seit 1967 über keine großen Eisbrecher mehr. Mit dem Klimawandel wurde in den letzten Jahren die Fragen der verstärkten Nutzbarkeit der arktischen Nord-West und Nord-Ost-Passagen sowie der erleichterten Zugänglichkeit arktischer Rohstoffe von steigender Bedeutung. Zugleich verstärkte Russland seine arktische zivile und militärische Präsenz auch mit atomar betriebenen großen Eisbrechern erheblich. Wie die anderen Arktis-Anrainer Kanada, Norwegen und Dänemark (wegen Grönland) sahen die USA die Notwendigkeit der verstärkten auch militärischen Präsenz in der Region. Daher wurde 2019 der erste 460-Fuß-Polar Security Cutter (Polare Sicherheits Kutter) in Auftrag gegeben. 2024 soll das erste, 2025 das zweite und 2027 das dritte Schiff in Dienst gestellt werden. Die in der Tabelle unten genannten Traditions-Namen der drei Schiffe sind noch spekulativ. Die Werft hat sich auch mit einem abgewandelten Entwurf des Typs auf die Ausschreibung des künftigen deutschen Polarforschungsschiffs *Polarstern II* beworben.

WPSC-30 bis WPSC-32	
Bauwerft	Halter Marine, Pascagola
Stapellauf	ab 2022
Wasserverdrängung	22900 ts.
Abmessungen (LxBxT)	140,2 x 26,8 x n.n. m
Antrieb	Diesel, 45200 PS, 2 Azipod, 1 Welle
Geschwindigkeit	n.n. kn
Bewaffnung	1 x 25 mm, Helikopter

Schiffserkennung: Laut veröffentlichten Konzeptzeichnungen Backdecker ohne Deckssprung. Das Achterdeck ist nochmal stufenförmig abgesenkt. Lange geschlossene Back mit zwei Kränen. Großer, hoher und breiter rechteckiger Brückenaufbau, bis zu den Bordwänden reichend, mit massivem Mast mit Beobachtungskanzel darauf, nach achtern abgestuft abfallend. Dahinter zwei parallele eckige Schornsteine mit schräg nach hinten geneigten langen Abgasrohren, dahinter Hangar mit Kran darauf und seitlich Luken für RIHB´s und Speedboote. Achtern Heli-Deck auf einem weiteren kantigen Aufbau und ein weiterer Kran auf dem Achterdeck. Spiegelheck.

USCGC Storis (?) (WPSC-30)
USCGC Glacier (?) (WPSC-31)
USCGC Bear (?) (WPSC-32)

Artist Impression des neuen Eisbrechers »Polar Sentinel« (Polar Security Cutter), der im Mai 2025 fertiggestellt werden soll (Foto: Halter Marine). Der Antrieb wird konventionell sein, die USA planen weiterhin nicht den Bau von Nukleareisbrechern.

4.6. Kutter, Schlepper-Typ (CG, WYT, WAT, WYTM, WATA, WYTL)

Bereits vor der Einführung spezieller Klassifikationen für Schlepper hatte die U.S. Coast Guard Schiffe speziell für diesen Einsatz bauen lassen. Hierzu die Kanonenboot-Schlepper *USCGC Snohomish* und *USCGC Acushnet* (Abschnitt 4.1.19). Die später eingesetzten eisbrechenden Schlepper der Bay (*Katmai Bay*)-Klasse (Abschnitt 4.5.5), die Flottenschlepper der *Cherokee/Avoyel*-Klasse (Abschnitt 4.2.7) und die Bergungsschlepper der *Escape/Acushnet*-Klasse (Abschnitt 4.2.8) und die Rettungsschlepper der *Modoc*-Klasse (Abschnitt 4.2.9) wurden bereits in anderen Verwendungen abgehandelt.

4.6.1 WYT-74 Tioga ex-Calumet

Das 1894 gebaute 94½-Fuß-Schiff wurde als *USRC Calumet* in Dienst gestellt, diente im spanisch-US-amerikanischen Krieg und erneut im Ersten Weltkrieg 1917 bis 1919 bei der U.S. Navy als *USS Calumet* und wurde 1934 in *USCGC Tioga* umbenannt und 1946 an zivile Eigner verkauft.

Schiffserkennung: Wie zeitgenössische zivile Hafen-Schlepper: Glattdecker (Flushdecker) mit Deckssprung vorn und achtern, langgestrecktem Aufbau in der Schiffsmitte mit in der Front rundem Steuerhaus am vorderen Ende und hohem schlanken Schornstein und zwei Lüftern und kleinem Mast dahinter.

WYT-74	
Bauwerft	David Bell, Buffalo
Stapellauf	1894
Wasserverdrängung	170 ts.
Abmessungen (LxBxT)	28,8 x 6,3 x 2,9 m
Antrieb	Dampf, 350 PS, 1 Welle
Geschwindigkeit	12 kn
Bewaffnung	1 x 4,7 cm

Hafenschlepper WYT-74 »Tioga« ex »Calumet«, in einer Aufnahme vor 1914.

4.6.2 WYT-94 Golden Gate

Das 1896 gebaute 110-Fuß-Schiff wurde als *USRC Golden Gate* in Dienst gestellt, und diente im Ersten Weltkrieg 1917 bis 1919 bei der U.S. Navy als *USS Golden Gate* und wurde 1945 außer Dienst gestellt und an zivile Eigner verkauft.

Schiffserkennung: Praktisch identisch mit *USCGC Tioga*, aber Steuerhaus etwas länger und zwei Lüfter vor, einer hinter dem Schornstein.

WYT-94	
Bauwerft	Moran Brothers, Seattle
Stapellauf	1896
Wasserverdrängung	250 ts.
Abmessungen (LxBxT)	33,5 x 6,4 x 3,1 m
Antrieb	Dampf, 500 PS, 1 Welle
Geschwindigkeit	12 kn
Bewaffnung	keine

WYT-94 »Golden Gate«, aufgenommen noch vor 1914 (Jane's Fighting Ships 1914).

4.6.3 CG-9 (WYT-84) Winnisimett

Der 1903 gebaute 96½-Fuß-Schlepper wurde als CG-9, *USRC Winnisimett* in Dienst gestellt, diente im Ersten Weltkrieg 1917 bis 1919 bei der U.S. Navy als *USS Winnisimett* und wurde 1945 als WYT-84 *USCG Winnisimett* außer Dienst gestellt.

Schiffserkennung: Praktisch identisch mit *USCGC Tioga*, aber Steuerhausfront flach und vier Lüfter hinter dem Schornstein.

WYT-84	
Bauwerft	Spedden Comp., Baltimore
Stapellauf	1902
Wasserverdrängung	182 ts.
Abmessungen (LxBxT)	28,8 x 6,3 x 2,7 m
Antrieb	Dampf, 500 PS, 1 Welle
Geschwindigkeit	12 kn
Bewaffnung	keine

4.6.4 CG-19 (WYT-81) Davey

Der 1908 gebaute 92½-Fuß-Schlepper wurde als CG-19, *USRC Davey* in Dienst gestellt, diente im Ersten Weltkrieg 1917 bis 1919 bei der U.S. Navy als *USS Davey* und wurde 1945 als WYT-81 *USCG Davey* außer Dienst gestellt.

Schiffserkennung: Praktisch identisch mit *USCGC Tioga*, aber Steuerhausfront flach und ein Lüfter hinter dem Schornstein.

WYT-81	
Bauwerft	Pusey & Jones, Wilmington
Stapellauf	1902
Wasserverdrängung	182 ts.
Abmessungen (LxBxT)	28,2 x 5,8 x 3,1 m
Antrieb	Dampf, 275 PS, 1 Welle
Geschwindigkeit	11 kn
Bewaffnung	1 x 37 mm

CG-19 (WYT-81) »Davey« vor 1914 (Jane's Fighting Ships 1914).

4.6.5 WYT-371 Beverly

Dieser Schlepper von 525 ts. wurde 1905 ursprünglich für das U.S. Army Corps of Engineers als *USAV Cerberus* gebaut, und diente danach zivilen Eignern. 1942 wurde er als *WYT-371 Beverly* von der U.S. Coast Guard requeriert, 1944 an die U.S. Navy als *USS YTL-719* abgegeben und 1947 gestrichen.

WYT-371	
Bauwerft	John H Dialogue, Camden, N. J.
Stapellauf	1905
Wasserverdrängung	525 ts.
Abmessungen (LxBxT)	28 x 5,6 x 3 m
Antrieb	Diesel, 450 PS, 1 Welle
Geschwindigkeit	10 kn
Bewaffnung	1 x 37 mm

4.6.6 CG-30 (WYT-95) Manhattan

Der 1918 gebaute 120-Fuß-Schlepper wurde gleich 1919 als *USS Manhattan* für die U.S. Navy in Dienst gestellt und wurde 1919 als CG-30, *USCGC Manhattan* wieder an die U.S. Coast Guard zurückgegeben und 1945 als WYT-95 *USCG Manhattan* außer Dienst gestellt.

Schiffserkennung: Praktisch identisch mit *USCGC Tioga*, aber etwas größer.

WYT-95	
Bauwerft	Balboa Ships, Balboa, Panama
Stapellauf	1918
Wasserverdrängung	406 ts.
Abmessungen (LxBxT)	36,7 x 7,3 x 3,6 m
Antrieb	Dampf, 600 PS, 1 Welle
Geschwindigkeit	12 kn
Bewaffnung	2 x 37 mm

CG-30 (WYT-95) »Manhattan« auf einer undatierten Aufnahme.

4.6.7 WAT-48 Redwing (Lapwing-Klasse)

Bei diesem 187-Fuß-Schiff handelte es sich um einen ehemaligen Minensucher der Bird- bzw. *Lapwing*-Klasse der U.S. Navy von 1919, der als AM-48, *USS Redwing* in Dienst gestellt und 1924 als WAT-48 *USCGC Redwing* an die U.S. Coast Guard abgegeben wurde, die in als Hilfs-Schlepper einsetzte. 1941 wurde das Schiff wieder an die U.S. Navy abgeben, die es als Rettungs- und Bergungsschiff ARS-4 verwendete, wobei es 1943 durch Minentreffer vor Bizerta verloren ging.

Schiffserkennung: Glattdecker (Flushdecker) mit Deckssprung vorn, längerem Back- und Achterdeck, langgestreckter Aufbau in der Schiffsmitte mit in der Front runder Brustwehr mit Mast davor und Steuerhaus dahinter und hohem schlan-

WAT-48	
Bauwerft	Norfolk Navy Yard
Stapellauf	1919
Wasserverdrängung	1009 ts.
Abmessungen (LxBxT)	57 x 10,8 x 3 m
Antrieb	Dampf, 1400 PS, 1 Welle
Geschwindigkeit	14 kn
Bewaffnung	0 bis 2 x 76 mm, 0 bis 2 x 37 mm, 0 bis 2 MG

ken Schornstein in der Schiffsmitte darauf. Am Ende des Aufbaus ein Deckshaus mit zweitem Mast und Geschütz-Wanne dahinter. Auf den Masten Scheinwerferstände.

WAT-48 »Redwing«, ein ehemaliger Minensucher der »Lapwing«-Klasse in der Norfolk NY am 19. April 1921, dahinter der Zerstörer DD-46 »Duncan«.

4.6.8 Chattahoochee-*Klasse*

Von vierzig dieser 1918 bis 1920 für die U.S. Navy als Harbour Tug No. 46 (später YT-46)-Klasse gebauten hölzernen 88-Fuß -Hafen-Schleppern wurden zehn gleich bei der U.S. Coast Guard in Dienst und von 1921 bis 1925, drei erst 1934 bzw. 1935, außer Dienst gestellt und verkauft. Sie dienten meist auf den Großen Seen. U.S. Coast Guard-Nummern haben auch die später ausgemusterten Einheiten wohl nicht erhalten.

Schiffserkennung: Wie zeitgenössische zivile Hafen-Schlepper: Glattdecker (Flushdecker) mit Deckssprung vorn und achtern, langgestrecktem Aufbau in der Schiffsmitte mit in der Front rundem Steuerhaus am vorderen Ende und hohem schlanken Schornstein. Vor dem Steuerhaus und am hinteren Ende des Aufbaus je ein Geschütz, vor dem achteren war ein Pfahlmast positioniert.

Chattahoochee-Klasse	
Bauwerft	Navy Yard, Charleston, Wheeler, New York Yacht, New Orleans Naval St., Robert Jacob, Ludens Marine
Stapellauf	1918 bis 1920
Wasserverdrängung	215 ts.
Abmessungen (LxBxT)	26,8 x 6,1 x 2,7 m
Antrieb	Dampf, 300 PS, 1 Welle
Geschwindigkeit	10 kn
Bewaffnung	2 x 37 mm

USCGC Chattahoochee
USCGC Chautauqua
USCGC Chenango
USCGC Chicopee
USCGC Chilicothe
USCGC Chincoteague
USCGC Chippewa, ex-USN Harbour Tug No. 60
USCGC Choptank
USCGC Chowan, ex-USN Harbour Tug No. 75
USCGC Chulahoma

Navy Tug No. 85, aufgenommen ca. 1919, später YT-46 Klasse bzw. in der USCG die »Chattahoochee«-Klasse.

4.6.9 WAT-55 Carrabassett

Dieser 157-Fuß-Schlepper lief 1919 für die U.S. Navy als AT-35, *USS Carrabassett* vom Stapel, wurde 1924 als WAT-55 *USCGC Carabassett* an die U.S. Coast Guard abgegeben und 1947 außer Dienst gestellt. Die bei der U.S. Navy verbliebenen ähnlichen Einheiten wurden dort später als »ATO« (alte Flottenschlepper) klassifiziert.

WAT-55	
Bauwerft	Staten Island Shipbuilding Corp.
Stapellauf	1919
Wasserverdrängung	1220 ts.
Abmessungen (LxBxT)	44,8 x 11 x 4,9 m
Antrieb	Dampf, 1800 PS, 1 Welle
Geschwindigkeit	11 kn
Bewaffnung	1 MG

Schiffserkennung: Wie zeitgenössische zivile Hafen-Schlepper: Glattdecker (Flushdecker) mit Deckssprung vorn und achtern, langgestreckter doppelstöckiger Aufbau in der Schiffsmitte mit in der Front rundem Steuerhaus am vorderen Ende und hohem schlanken Schornstein. Ein Mast war nach der Brücke, der zweite am hinteren Ende der Aufbauten positioniert.

WYT-55 »Carabasset« in der Norfolk Navy Yard in Portsmouth, Va., 23. Juli 1943, nach Erhalt zusätzlicher Ausrüstung.

4.6.10 WAT-54 Shawnee

Der 158-Fuß-Schlepper wurde 1922 für die U.S. Coast Guard in Dienst und 1946 außer Dienst gestellt.

Schiffserkennung: Backdecker mit Deckssprung vorn und achtern, langgestreckter Aufbau in Verlängerung der Back, auf der Back ein zweiter Aufbau mit Steuerhaus und Mast dahinter. In der Schiffsmitte ein breiter kurzer schräger Schornstein.

WAT-54	
Bauwerft	Union Construction Comp., Oakland.
Stapellauf	1921
Wasserverdrängung	900 ts.
Abmessungen (LxBxT)	48,2 x 9,1 x 4 m
Antrieb	Dampf, 1400 PS, 1 Welle
Geschwindigkeit	12 kn
Bewaffnung	2 x 37 mm; später auch 2 x 20 mm, Hedgehog, Wabo

4.6.11 WYT-86 (WYTM-86) Calumet-*Klasse*

Die vier 110-Fuß-Schlepper wurden 1934 für die U.S. Coast Guard in Dienst und 1967 bis 1970 außer Dienst gestellt. 1966 wurden sie zu »WYTM« umklassifiziert.

Schiffserkennung: Wie zeitgenössische zivile Hafen-Schlepper: Glattdecker (Flushdecker) mit Deckssprung vorn und achtern, langgestrecktem Aufbau in der Schiffsmitte mit daraufgesetztem in der Front rundem Steuerhaus am vorderen Ende, dahinter Mast und Schornstein.

WYT-86 bis WYT-89	
Bauwerft	Charleston (3), Portsmouth (1)
Stapellauf	1934
Wasserverdrängung	290 ts.
Abmessungen (LxBxT)	33,7 x 7,3 x 3,2 m
Antrieb	Diesel, 800 PS, 1 Welle
Geschwindigkeit	12 kn
Bewaffnung	keine

USCGC Calumet (WYT-86)
USCGC Hudson (WYT-87)
USCGC Navesink (WYT-88)
USCGC Tuckahoe (WYT-89)

Ex WYT-87 »Hudson« der »Calumet«-Klasse 1974 (Historical Collection of the Great Lakes).

4.6.12 WYT-90 Arundel-*Klasse*

Die vier 110-Fuß-Schlepper wurden 1939 für die U.S. Coast Guard in Dienst und ab 1979 bis 1988 außer Dienst gestellt. Sie dienten während des Krieges bei der Grönland-Patrouille. 1966 wurden sie zu »WYTM« umklassifiziert.

Schiffserkennung: Sehr ähnlich der *Calumet*-Klasse, aber zusätzlich Dreibeinmast am hinteren Aufbautenende.

WYT-90 bis WYT-93	
Bauwerft	Gulfport (2), Defoe (2)
Stapellauf	1939
Wasserverdrängung	328 ts.
Abmessungen (LxBxT)	33,5 x 8 x 3,7 m
Antrieb	Diesel, 1000 PS, 1 Welle
Geschwindigkeit	12 kn
Bewaffnung	2 MG

USCGC Arundel (WYT-90)
USCGC Mahoning (WYT-91)
USCGC Naugatuck (WYT-92)
USCGC Raritan (WYT-93)

USCGC »Mahoning« (WYT-91) der »Arundel«-Klasse (Foto: Louis Alvarez 1984).

4.6.13 WYT-60 (WYTM-60) Manitou-*Klasse*

Die zwei 110-Fuß-Schlepper wurden 1943 für die U.S. Coast Guard in Dienst und 1979 bzw. 1980 außer Dienst gestellt. 1967 erfolgte die Umklassifizierung zu »WYTM«.

Schiffserkennung: Sehr ähnlich der *Arundel*-Klasse, aber zusätzlich Dreibeinmast am hinteren Aufbautenende.

WYT-60 und WYT-61	
Bauwerft	Curtis Bay
Stapellauf	1942
Wasserverdrängung	328 ts.
Abmessungen (LxBxT)	33,5 x 8 x 3,5 m
Antrieb	Diesel, 100 PS, 1 Welle
Geschwindigkeit	13 kn
Bewaffnung	2 x 20 mm

USCGC Manitou (WYT-60)
USCGC Kaw (WYT-61)

(WYTM-60) »Manitou« der »Manitou«-Klasse (Foto: Isaac Pennock).

4.6.14 WYT-71 (WYTM-71) Apalachee-*Klasse*

Die sieben 110-Fuß-Schlepper wurden 1943 und 1944 für die U.S. Coast Guard in Dienst und von 1980 bis 1986 außer Dienst gestellt. 1967 erfolgte die Umklassifizierung zu »WYTM«.

WYT-71 bis WYT-73, WYT-96 bis WYT-99	
Bauwerft	Bushey
Stapellauf	1943
Wasserverdrängung	384 ts.
Abmessungen (LxBxT)	33,5 x 8 x 3,5 m
Antrieb	Diesel, 1000 PS, 1 Welle
Geschwindigkeit	12 kn
Bewaffnung	2 x 20 mm

Schiffserkennung: Sehr ähnlich der *Arundel*-Klasse, aber zusätzlich Dreibeinmast am hinteren Aufbautenende.

USCGC Apalachee (WYT-71)
USCGC Yancton (WYT-72)
USCGC Mohican (WYT-73)
USCGC Chinook (WYT-96)
USCGC Ojibwa (WYT-97)
USCGC Snohomish (WYT-98)
USCGC Sauk (WYT-99)

Der »Apalachee«-Klasse Schlepper USCGC »Mohican« (WYT-73). Den besten Bestand an Schlepperfotos unterhält die sehr aktive Vereinigung Coast Guard Tug Association, von der auch dieses Foto online gestellt wurde.

4.6.15 WYT-65.601 (WYTL-65.601) Capstan-Klasse

Diese fünfzehn 65-Fuß-Schlepper wurden als erste Schlepper-Nachkriegsneubauten der U.S. Coast Guard von 1961 bis 1967 in Dienst gestellt. 1982 wurde eine, 1995 drei weitere Einheiten außer Dienst gestellt. 1967 erfolgte die Umklassifizierung zu »WYTL«. Diese Schiffe können auch leichtes Eis brechen.

Schiffserkennung: Bullig wirkende Glattdecker (Flushdecker) mit geringem Deckssprung vorn. Aufbau mit erhöhtem Steuerhaus am vorderen Ende, dahinter kleiner Dreibeinmast und niedriger Schornstein. Auf dem ein Drittel der Schiffslänge einnehmenden Achterdeck steht ein kleiner Kran.

WYT-65.601 bis WYT-65.615	
Bauwerft	Gibbs (6), Barbour (6), Western (3)
Stapellauf	1961 bis 1967
Wasserverdrängung	74 ts.
Abmessungen (LxBxT)	19,8 x 5,8 x 2,7 m
Antrieb	Diesel, 400 PS, 1 Welle
Geschwindigkeit	11 kn
Bewaffnung	keine

USCGC Capstan (WYT-65.601)
USCGC Chock (WYT-65.602)
USCGC Swivel (WYT-65.603)
USCGC Tackle (WYT-65.604)
USCGC Towline (WYT-65.605)
USCGC Catenary (WYT-65.606
USCGC Bridle (WYT-65.607)
USCGC Pendant (WYT-65.608)
USCGC Shackle (WYT-65.609)
USCGC Hawser (WYT-65.610)
USCGC Line (WYT-65.611)
USCGC Wire (WYT-65.612)
USCGC Bitt (WYT-65.613)
USCGC Bollart (WYT-65.614)
USCGC Cleat (WYT-65.615)

USCGC »Bollard« (WYTL-65614) der »Capstan«-Klasse, aufgenommen 2008.

USCGC »Swivel »(WYTL-65603) der »Capstan«-Klasse bei Bangor, Maine 1992.

4.7. Kutter, Bojen/Leuchtturm-Tender-Typ (WAGL, WLB, WAGO, WMEC, WLI, WLM, WLR)

Mit Übernahme der Aufgaben des U.S. Lighthouse Service 1939 bekam die U.S. Coast Guard auch deren Schiffe, speziell die Leuchtturm- und Bojen-Tender und die Feuerschiffe. Die Tender trugen fast immer Namen von Blumen, Sträuchern und Bäumen. Möglicherweise ein Wortspiel mit dem »Pflanzen« von Bojen (und Minen). Außer den im Folgenden aufgeführten Klassen übernahm die U.S. Coast Guard noch zahlreiche ältere oder kleinere Leuchtturm- und Bojen-Tender unterschiedlichster Baumuster einschließlich dreier Schaufelrad-Dampfer, von denen eines, *USCGC Magnolia*, im Krieg verloren ging, und die meisten nach Kriegsende bis 1947 außer Dienst gestellt wurden. Drei von diesen gingen an die Philippinen, eines an die Dominkanische Republik. Die *USCGC Beech, Cherry, Columbine, Dahlia, Elm, Goldenrod, Hickory, Jasmine, Linden, Maple, Myrtle, Narcissus, Palmetto, Poinciana, Poplar, Rhodedendron, Tamarack, Wakerobin* und *Wisteria* dienten aber auch noch länger nach dem Zweiten Weltkrieg und wurden bis 1973 außer Dienst gestellt. 1965 wurden sogar noch zwei Einheiten zu »WLR« und 11 zu »WLI« umklassifiziert. Zwei Einheiten wurden an Surinam und eine an Haiti abgegeben.

4.7.1 WAGL-207 Cedar

Dieser 221-Fuß-Leuchtturm- und Bojen-Tender wurde vom U.S. Lighthouse Service 1917 in Dienst gestellt. Bereits zwei Monate später wurde er als USS Cedar an die U.S. Navy abgegeben, und 1919 wieder an den U.S. Lighthouse Service zurückgegeben. 1939 wurde er als WAGL-207 *USCGC Cedar* in die U.S. Coast Guard übernommen.

USCGC »Cedar« (WAGL-207) in Seattle, Washington, am 13. Mai 1944.

Schiffserkennung: Erhöhte Back mit Schanzkleid, danach langes Vorschiff ein Deck tiefer als der restliche Rumpf mit Mast und Kranausleger vor dem kleinen Brückenaufbau etwas vor der Schiffsmitte. Dahinter Lüfter und ein gerader hoher dünner Schornstein. Weiter achtern kleines Deckshaus mit zweitem Mast am Ende. Kurzes Achterschiff.

4.7.2 WAGL-200 Speedwell/Acacia-Klasse

Von dieser Klasse von neun 172-Fuß-Minenlegern (Mine Planters) der U.S. Army, die von 1917 bis 1919 gebaut wurden, wurden sechs von 1921 bis 1923 dem U.S. Lighthouse Service als große Leuchtturm- und Bojen-Tender übergeben und gelangten später in den Bestand der U.S. Coast Guard. *USCGC Acacia* wurde 1942 von *U 161* in der Karibik durch Geschützfeuer versenkt. Die verbleibenden Schiffe wurden nach dem Krieg bis 1947 außer Dienst gestellt.

Schiffserkennung: Backdecker mit geringem Deckssprung. Langes Vorschiff, Back mit Kranmast vor den Aufbauten, die nur etwas vor der Schiffsmitte beginnend und bis zum Heck

WAGL-200 bis WAGL-246	
Bauwerft	Fabricated Sbdg. & Coddington Engin., Milwaukee
Stapellauf	1919 und 1920
Wasserverdrängung	1130 ts.
Abmessungen (LxBxT)	52,4 x 9,7 x 3,5 m
Antrieb	Dampf, 1000 PS, 2 Wellen
Geschwindigkeit	11 kn
Bewaffnung	2 x 20 mm

reichen. Darauf vorne Brücke, dahinter ein weiterer Aufbau mit hohem schmalen und geradem Schornstein und mit zweitem Mast am Ende.

USCGC Acacia (WAGL-200), ex-USAV Gen. John P. Story
USCGC Ilex (WAGL-222), ex-USAV Brig. Gen. Edmund Kirby
USCGC Lotus (WAGL-229), ex-USAV Col. Albert Todd
USCGC Lupine (WAGL-230), ex-USAV Gen. Wallace F. Randolph
USCGC Speedwell (WAGL-245), ex-USAV Col. John V. White
USCGC Spruce (WAGL-246), ex-USAV Gen. Garland N. Whistler

WAGL-229 »Lotus« in einer Luftaufnahme.

4.7.3 (WAGL-215) Hawthorn-*Klasse*

Diese zwei 1921 gebauten mittelgroßen 160-Fuß-Leuchtturm- und Bojen-Tender wurden vom U.S. Lighthouse Service in Dienst gestellt. Die Außerdienststellung erfolgte 1965 und 1967. *USCGC Oak* wurde 1965 noch zu »WLM« umklassifiziert.

Schiffserkennung: Sehr ähnlich USCGC Cedar.

WAGL-215, WAGL-239	
Bauwerft	Consolidated Shipbuilding
Stapellauf	1921
Wasserverdrängung	950 ts.
Abmessungen (LxBxT)	48,8 x 9,1 x 3,2 m
Antrieb	Dampf, 700 PS, 1 Welle
Geschwindigkeit	8 kn
Bewaffnung	keine

USCGC Hawthorn (WAGL-215)
USCGC Oak (WAGL-239)

USCGC »Oak« (WAGL-239), ca. 1921.

4.7.4 WAGL-250 Violet-Klasse

Diese drei zwischen 1930 und 1939 gebauten mittelgroßen 174-Fuß-Leuchtturm- und Bojen-Tender wurden vom U.S. Lighthouse Service in Dienst gestellt. Die Außerdienststellung erfolgte zwischen 1963 und 1968. *USCGC Lilac* und *USCGC Mistletoe* wurden 1965 noch zu »WLM« umklassifiziert.

Schiffserkennung: Erhöhte Back mit Schanzkleid, danach langes Vorschiff mit Mast und Kranausleger vor dem Aufbautenkomplex, etwas vor der Schiffsmitte beginnend. Darauf vorne Brücke mit gerundeter Front, dahinter ein gerader hoher dünner Schornstein. Weiter achtern großes Deckshaus mit zweitem Mast am Ende. Kurzes Achterschiff.

WAGL-227, WAGL-237, WAGL-250	
Bauwerft	Pusey & Jones, Wilmington
Stapellauf	1930 bis 1938
Wasserverdrängung	799 bis 1012 ts.
Abmessungen (LxBxT)	53,1 x 9,7 bis 10,4 x 3,2 bis 3,4 m
Antrieb	Dampf, 800 bis 1000 PS, 2 Wellen
Geschwindigkeit	12 kn
Bewaffnung	1 x 76 mm; 2 x 20 mm, Wabo.

USCGC Violet (WAGL-250)
USCGC Lilac (WAGL-227)
USCGC Mistletoe (WAGL-237)

USCGC »Violet« (WAGL-250), Steuerbord-Seitenansicht (Historical Collections of the Great Lakes).

USCGC »Lilac« (WAGL-227), undatierte Aufnahme.

4.7.5 WAGL-203 (WLM-203) Arbutus-*Klasse*

Diese zwei mittelgroßen 175-Fuß-Leuchtturm- und Bojen-Tender wurden vom U.S. Lighthouse Service 1933 und 1934 in Dienst gestellt. 1958 und 1967 stellte man sie außer Dienst. *USCGC Arbutus* wurde 1965 noch zu »WLM« umklassifiziert.

Schiffserkennung: Dieses Schiff begründeten das Bauprinzip der Leuchtturm- und Bojen-Tender der U. S. Coast Guard: Erhöhte Back mit Schanzkleid, danach langes Vorschiff ein Deck tiefer als der restliche Rumpf mit Mast und Kranausleger vor dem Aufbautenkomplex, etwas vor der Schiffsmitte beginnend. Darauf vorne Brücke mit gerundeter Front, dahinter ein gerader hoher dünner Schornstein. Weiter achtern großes Deckshaus mit zweitem Mast am Ende. Kurzes Achterschiff.

WAGL-203, WAGL-217	
Bauwerft	Pusey & Jones, Wilmington, Berg Spbdg., Seattle
Stapellauf	1933 bis 1934
Wasserverdrängung	1000 ts.
Abmessungen (LxBxT)	53,3 x 10 x 3,7 m
Antrieb	Dampf, 1000 PS, 2 Wellen
Geschwindigkeit	12 kn
Bewaffnung	1 x 76 mm; 2 x 20 mm

USCGC Arbutus (WAGL-203)
USCGC Hemlock (WAGL-217)

USCGC »Arbutus« (WAGL / WLM-203; USLHT-203), ein Leuchtturm-Tender, fotografiert am 26. März 1933.

4.7.6 WAGL-212 (WLM-212) Fir/Hollyhock-*Klasse*

Diese drei mittelgroßen 175-Fuß-Leuchtturm- und Bojen-Tender waren die letzten, die für den U.S. Lighthouse Service als solche geplant und von 1936 bis 1939 gebaut wurden. *USCGC Fir* wurde nach Fertigstellung 1940 sogleich von der U.S. Coast Guard in Dienst gestellt. Alle wurden 1965 zu »WLM« umklassifiziert und zwischen 1982 und 1991 außer Dienst gestellt.

Schiffserkennung: Erhöhte Back mit Schanzkleid, danach langes Vorschiff ein Deck tiefer als der restliche Rumpf mit schwerem Dreibein mit Kranausleger vor dem Aufbautenkomplex, etwas vor der Schiffsmitte beginnend. Darauf vorne Brücke mit gerundeter Front, dahinter ein nur gering geneigter großer runder Schornstein und mit zweitem Mast am Ende. Kurzes Achterschiff.

WAGL-212	
Bauwerft	Moore Drydock, Oakland (2), Defoe
Stapellauf	1937 bis 1939
Wasserverdrängung	885 ts.
Abmessungen (LxBxT)	53,3 x 9,8 x 3,4 m
Antrieb	Dampf, 1000 PS, 1951: Diesel, 1350 PS, 2 Wellen
Geschwindigkeit	12 kn
Bewaffnung	1 x 76 mm; 2 x 20 mm

WLM-2512 »Walnut« der »Fir«-Klasse, 1959 aufgenommen.

USCGC Fir (WAGL-212)
USCGC Hollyhock (WAGL-220)
USCGC Walnut (WAGL-252); 1982 an Honduras: FNH Yojoa (252)

Der Kutter USCGC »Hollyhock« (WLM-220), der »Fir«- bzw. »Walnut«-Klasse, 1980 aufgenommen (R. Blazevic).

4.7.7 WAGL-224 (WLM-224) Juniper

Dieses Einzelschiff war der letzte noch vom U.S. Lighthouse Service geplante, mittelgroße Leuchtturm- und Bojen-Tender, der dann aber 1940 schon unter U.S. Coast Guard-Ägide fertig gestellt wurde. Er wurde 1965 zu »WLM« umklassifiziert und 1975 außer Dienst gestellt.

Schiffserkennung: Sehr ähnlich *USCGC Fir*, aber Schornstein etwas schlanker.

WAGL-224	
Bauwerft	John Mathis Copmp., Campden
Stapellauf	1940
Wasserverdrängung	790 ts.
Abmessungen (LxBxT)	53,9 x 9,8 x 2,7 m
Antrieb	Diesel, 900 PS, 2 Wellen
Geschwindigkeit	11 kn
Bewaffnung	1 x 76 mm; 2 x 20 mm, Wabo.

USCG Juniper (WAGL-224 / WLM-224)

WAGL-224 (WLM-224) »Juniper« in St. Petersburg, Florida 1962.

4.7.8 WAGL-62 (WLB-62) Balsam/Cactus-Klasse

Diese 39 großen 180-Fuß-Leuchtturm- und Bojen-Tender wurden von 1941 bis 1944 für die U.S. Coast Guard gebaut. Nach Midlife-Modernisierungen wurden auch drei Unterklassen (A, B, C) unterschieden. 1965 wurde an alle Einheiten zu »WGB« umklassifiziert, *USCGC Citrus* und *USCGC Clover* wurden 1979 bzw. 1980 »WMEC« und *USCGC Evergreen* wurde 1973 zunächst »WAGO« und dann 1982 auch »WMEC«. *USCGC Gentian* wurde 1999 »WIX«. *USCGC Cactus* und *USCGC Blackthorne* gingen 1971 und 1980 nach Kollision bzw. Auflaufen verloren. Die meisten wurden von 1971 bis 2006 außer Dienst gestellt. Eine Einheit ist noch als Schulschiff aktiv. Vier Einheiten gingen an Nigeria, je zwei Einheiten an Ghana und die Dominikanische Republik, und je eine Einheit ging an die Philippinen, Kolumbien, Panama, El Salvador und Estland.

WAGL-62 bis WAGL-407	
Bauwerft	Zenith Dredge, Dulluth (17), Marine Ironworks, Dulluth, (21), Curtis Bay Station
Stapellauf	1941 bis 1944
Wasserverdrängung	935 ts., später bis 1025 ts.
Abmessungen (LxBxT)	55 x 11 x 3,7 m
Antrieb	Diesel, 1200 PS,1 Welle
Geschwindigkeit	14 kn
Bewaffnung	1 x 76 mm; 2 x 20 mm, Hedgehog, Wabo.

Schiffserkennung: Erhöhte Back mit Schanzkleid, danach langes Vorschiff ein Deck tiefer als der restliche Rumpf mit Kranausleger und torartiger Laufbrücke vor dem Aufbautenkomplex, etwas vor der Schiffsmitte beginnend. Darauf vorne Brücke mit leicht gerundeter Front und Pfahlmast darauf, dahinter ein nur gering geneigter ovaler Schornstein mit schräger Kappe. Längeres Achterschiff mit Kreuzerheck.

USCGC »Balsam« (WLB-62) vor Honolulu 1956. Man beachte den Eisbrecherbug.

USCGC »Laurel« (WAGL/WLB-291), ein »Cactus«- oder A-Klasse Bojen-Tender, in einer Aufnahme vom 1. Mai 1944 in der Hudson Bay. Das Schiff wurde im Krieg hauptsächlich für Fracht- und Personentransporte sowie für Geleit- und Eisbrecher-Aufgaben in grönländischen Gewässern eingesetzt.

USCGC Balsam (WAGL-62)
USCGC Cactus (WAGL-270)
USCGC Cowslip (WAGL-277); 2003 an Nigeria: NNS Olagbo (A-502)
USCGC Woodbine (WAGL-289)
USCGC Gentian (WAGL-290); 2007 an Kolumbien: ARC San Andreás (PO-45)
USCGC Laurel (WAGL-291)
USCGC Clover (WAGL-292)
USCGC Evergreen (WAGL-295)
USCGC Sorrel (WAGL-296)
USCGC Ironwood (WAGL-297)
USCGC Citrus (WAGL-300); 1995 an Dominikanische Republik; Almirante Juan A. Acosta (C-456)
USCGC Conifer (WAGL-301)
USCGC Madrona (WAGL-301);2002 an El Salvador: General Manuel José Arce
USCGC Tupelo (WAGL-302)
USCGC Mesquite (WAGL-305)
USCGC Buttonwood (WAGL-306); 2001 an Dominikanische Republik; Almirante Didiez Burgos
USCGC Planetree (WAGL-307)
USCGC Papaw (WAGL-308)
USCGC Sweetgum (WAGL-309); 2002 an Panama: SMN Indepencia (401)
USCGC Basswood (WAGL-388)
USCGC Bittersweet (WAGL-389); 1997 an Estland: Valvas (PVL-109)
USCGC Blackhaw (WAGL-390)
USCGC Blackthorn (WAGL-391)

USCGC »Balsam« (WLB-62) in einem 1973 aufgenommene Foto.

USCGC Bramble (WAGL-392)
USCGC Firebush (WAGL-393); 2003 an Nigeria: NNS Nwamba (A-503)
USCGC Hornbeam (WAGL-394)
USCGC Iris (WAGL-395)
USCGC Mallow (WAGL-396)
USCGC Mariposa (WAGL-397)
USCGC Redbud (WAGL-398); 1972 an Philippinen: Kalinga (AG-89)
USCGC Sagebrush (WAGL-399)
USCGC Salvia (WAGL-400)
USCGC Sassafras (WAGL-401); 2003 an Nigeria: NNS Obula (A-504)
USCGC Sedge (WAGL-402); 2002 an Nigeria: NNS Kyanwa (A-501)
USCGC Spar (WAGL-403)
USCGC Sundrew (WAGL-404)
USCGC Sweetbrier (WAGL-405); 2002 an Ghana: GNS Bonsu (P-31)
USCGC Acacia (WAGL-406)
USCGC Woodrush (WAGL-407); 2007 an Ghana: GNS Anzone (P-30)

USCGC »Cowslip« (WLB-277) im Jahr 2001, kurz vor der Außerdienststellung.

4.7.9 WAGL-328 (WLB-328) Magnolia/Jonquil-Klasse

Von dieser Klasse von acht 188-Fuß-Minenlegern (Mine Planters) der U.S. Army, die 1942 gebaut wurden und die 1944 bzw. 1945 als Hilfsminenleger der ACM-1 *Chimo*-Klasse an die U.S. Navy abgegeben wurden, wurden fünf 1946 bzw. 1947 als große Leuchtturm- und Bojen-Tender an die U.S. Coast Guard abgegeben. Danach wurde der Heckbereich umgebaut. Ein weiteres Schiff wurde als Kabel-Reparaturschiff WARC-333 *USCGC Yamacraw* von der U.S. Coast Guard übernommen und 1959 wieder an die U.S. Navy zurückgegeben, die es nochmals umbaute und als ACR-5 *USS Yamacraw* nutzte. Die anderen fünf Einheiten wurden 1965 zu »WLB« umklassifiziert und von 1968 bis 1972 verkauft.

WAGL-329 bis WAGL-333	
Bauwerft	Marietta Manufacturing Comp.
Stapellauf	1941 bis 1942
Wasserverdrängung	1240 ts.
Abmessungen (LxBxT)	57,5 x 11,3 x 3,7 m
Antrieb	Dampf, 1200 PS, 2 Wellen
Geschwindigkeit	13 kn
Bewaffnung	1 x 40 mm

Schiffserkennung: Erhöhte Back mit Schanzkleid, danach langes Vorschiff mit Kranausleger und Mast vor dem Aufbautenkomplex, vor der Schiffsmitte beginnend. Darauf vorne weiterer Aufbau mit Brücke mit leicht gerundeter Front darauf, dahinter ein großer runder gerader Schornstein und zweiter Mast am hinteren Ende. Kurzes Achterschiff mit rundem Heck.

Der spätere CG-Kutter »Jonquil« (WLB-330) 1942 als USS »Bastion« (ACM-6). Er kam erst 1946 zur USCG. Gebaut wurde er 1941/42 ursprünglich für die U.S. Army als USAMP »Colonel Henry J. Hunt«.

USS »Yamacraw« (ARC-5), ex USCG »Yamacraw« (WARC-333) der Coast Guard, ex Navy-Minenleger USS »Trapper« (ACM-9) und ursprünglich 1945 gebaut für die Army als USAMP »Major General Arthur Murray«.

USCGC Magnolia (WAGL-328); ex- USN USS Barricade (ACM-3), ex- USAV Storey
USCGC Ivy (WAGL-329); ex- USN USS Barbican (ACM-5), ex- USAV Armistead
USCGC Jonquil (WAGL-330); ex- USN USS Bastion (ACM-6), ex- USAV Hunt
USCGC Heather (WAGL-331); ex- USN USS Obstructor (ACM-7), ex- USAV Sylvester
USCGC Willow (WAGL-332); ex- USN USS Picket (ACM-8), Ex. USAV Knox
USCGC Yamacraw (WARC-333); ex- USN USS Trapper (ACM-9), ex- USAV Murray; 1959 an USN

4.7.10 WAGL-264 (WLR-264) Oleander

Dieser 73-Fuß-Fluss-Leuchtturm- und Bojen-Tender wurde 1941 für den Dienst auf dem Mississippi in Dienst gestellt und diente bis 1977 bei der U.S. Coast Guard. 1965 zu »WLR« umklassifiziert.

Schiffserkennung: Pontonartiger rechteckiger flacher und niedriger Rumpf mit abgerundeten »Ecken« am Bug und Heck. Am Bug zwei Schubbügel. Vorschiff mit Kranausleger und Mast vor dem Aufbautenkomplex der deutlich vor der Schiffsmitte beginnend fast bis zum Heck reicht. Darauf vorne ein kanzelartiger Brückenaufbau mit kleinem Mast. Ein weiterer Mast war am hinteren Ende des Aufbaus zwischen zwei Abgaspfosten positioniert.

WAGL-264	
Bauwerft	Jeffersonville Boat and Machine Comp.
Stapellauf	1941
Wasserverdrängung	80 ts.
Abmessungen (LxBxT)	22,3 x 5,5 x 1,5 m
Antrieb	Diesel, 300 PS, 2 Wellen
Geschwindigkeit	8 kn
Bewaffnung	keine

USCG Oleander (WAGL-264 / WLR-264)

WAGL-264 (WLR-264) »Oleander«, aufgenommen 1941 (USCG/R. Scheina).

4.7.11 WAGL-63 (WLR-63) Forsythia/Sycamore-Klasse

Diese drei 114-Fuß-Fluss-Leuchtturm- und Bojen-Tender wurden von 1941 bis 1943 in Dienst gestellt, die auf dem Mississippi und an der Golfküste als Ersatz für veraltete Heck-Schaufelrad-Dampfer dienen sollten. Die Außerdienststellung erfolgte zwischen 1977 und 1989. Sie wurden 1965 zu »WLR« umklassifiziert.

Schiffserkennung: Pontonartiger flacher und niedriger Rumpf und geringem Deckssprung und Schanzkleid am Bug. Längeres Vorschiff mit Kran vor dem doppelstöckigen Aufbautenkomplex der deutlich vor der Schiffsmitte beginnend fast bis zum Heck reicht. Darauf vorne ein rechteckiges Steuerhaus mit kleinem Mast und Abgaspfosten. Ein weiterer Mast war am hinteren Ende des Aufbaus vor einem Bootskran am Heck positioniert.

WAGL-329 bis WAGL-333	
Bauwerft	Dubuque (2), Avondale
Stapellauf	1941 bis 1943
Wasserverdrängung	230 ts.
Abmessungen (LxBxT)	34,7 x 7,9 x 21,5 m
Antrieb	Diesel, 720 PS, 2 Wellen
Geschwindigkeit	10 kn
Bewaffnung	keine

USCGC Forsythia (WAGL-63)
USCGC Dogwood (WAGL-259)
USCGC Sycamore (WAGL-268)

USCGC »Forsythia« (WAGL-63), undatierte Aufnahme.

4.7.12 WAGL-304 (WLR-304) Fern-Klasse

Die zwei eisbrechenden 114-Fuß-Fluss-Leuchtturm- und Bojen-Tender *USCGC Fern* und *USCGC Sumac* wurden 1942 und 1944 für den Dienst auf dem Mississippi in Dienst gestellt, und dienten bis 1971 bzw. 1999 bei der U.S. Coast Guard. Zum Eisbrechen wurde ein separater schwimmfähiger »Eispflug« vor

WAGL-304, WAGL-311, WAGL-285	
Bauwerft	Peterson & Haecker, Blair (2), Dubuque Boat & Boiler
Stapellauf	1942 bis 1945
Wasserverdrängung	350 ts., mit Eispflug 440 ts., Foglove: 385 ts.
Abmessungen (LxBxT)	34,9 x 9,5 x 2,5 m
Antrieb	Diesel, 960 PS, Foxglove: 600 PS, 3 Wellen
Geschwindigkeit	11 kn, Foxglove: 9 kn
Bewaffnung	keine

USCGC Fern (WAGL-304)
USCGC Sumac (WAGL-311)
USCGC Foxglove (WAGL-285)

USCGC »Fern« (WAGL-304 / WLR-304)

dem Bug gefahren. Statt diesem konnte auch ein Arbeitsponton geschoben werden. Von gleichen Dimensionen, wenn auch mit schwächerer Maschine und geringerer Geschwindigkeit, war die *USCG Foxglove* von 1945, die keine Eisbrecher-Funktion hatte und 1977 außer Dienst gestellt wurde. Alle wurden 1965 zu »WLR« umklassifiziert.

Schiffserkennung: Ähnlich *USCG Oleander*, aber größer und mit zwei parallelen Schornsteinen hinter der Brücke, drei Schubbügeln, keinem Kran auf dem Vorschiff, sondern zwei auf dem Aufbautenende, davor der zweite Mast. Foxglove hatte nur einen Schornstein und einen Kranmast auf der Back.

4.7.13 WAGL-310 (WLR-[80]310) Lantana

Der 80-Fuß-Fluss-Leuchtturm- und Bojen-Tender *USCGC Lantana* wurden 1943 für den Dienst auf dem Mississippi in Dienst gestellt, und diente bis 1991 bei der U.S. Coast Guard. 1965 zu »WLR« umklassifiziert.

Schiffserkennung: Ähnlich *USCG Oleander*, aber mit zwei parallelen Schornsteinen hinter der Brücke, kurzem Vorschiff ohne Kran auf dem Vorschiff, flacherem Aufbau und mit erhöhtem Rumpf mittschiffs. Bug und Achterschiff mit Schanzkleid.

WAGL-310	
Bauwerft	Peterson & Haecker, Blair
Stapellauf	1943
Wasserverdrängung	235 ts.
Abmessungen (LxBxT)	24,4 x 9,2 x 1,8 m
Antrieb	Diesel, 495 PS, 3 Wellen
Geschwindigkeit	10 kn
Bewaffnung	keine

WAGL-310 (WLR-310) »Lantana« 1949. (USCG/R. Scheina)

4.7.14 WAGL-286 (WLI-286) Clematis-Klasse

Diese zwei 73-Fuß-Binnen-Leuchtturm- und Bojen-Tender wurden 1944 in Dienst gestellt, und dienten an der Golfküste bis 1976 bei der U.S. Coast Guard. 1965 zu »WLI« umklassifiziert.

Schiffserkennung: Sehr ähnlich *USCG Oleander.*

USCGC Clemaitis (WAGL-286)
USCGC Shadbush (WAGL-287)

WAGL-286, WAGL-287	
Bauwerft	Peterson & Haecker, Blair
Stapellauf	1944
Wasserverdrängung	80 ts.
Abmessungen (LxBxT)	22,4 x 5,5 x 1,1 m
Antrieb	Diesel, 150 PS, 2 Wellen
Geschwindigkeit	10 kn
Bewaffnung	keine

WAGL-286 (WLI-286) »Clematis« 1964. (USCG/R. Scheina)

4.7.15 WAGL-313 (WLI-313) Cosmos/Bluebell-Klasse

Diese acht 100-Fuß-Binnen-Leuchtturm- und Bojen-Tender wurde zwischen 1943 und 1945 in Dienst gestellt. Alle wurden bis 1973 zu »WLI« umklassifiziert, *USCGC Smilax*, *USCGC Rambler* und *USCGC Primrose* 1979 noch zu »WLIC«. Fünf der Schiffe wurden von 1967 bis 1985 bereits ausgemustert.

Schiffserkennung: Trawler-artiger Typ mit etwas plumperen Bug, Inseltyp mit erhöhter Back und Kran auf dem Vorschiff. In der Schiffsmitte Aufbau mit Steuerhaus am vorderen und niedrigem, leicht schrägen Schornstein am hinteren Ende und leicht vorgewölbtem Spiegelheck.

WAGL-205	
Bauwerft	Birchfield Boiler, Dubuque (7)
Stapellauf	1942 bis 1944
Wasserverdrängung	226 ts.
Abmessungen (LxBxT)	30,5 x 7 x 2 m
Antrieb	Diesel, 660 PS, 2 Wellen
Geschwindigkeit	10 kn.
Bewaffnung	keine

USCGC Bluebell (WAGL-313)
USCGC Cosmos (WAGL-205)
USCGC Barberry (WAGL-294)
USCGC Rambler (WAGL-298)
USCGC Brier (WAGL-299)
USCGC Smilax (WAGL-315)
USCGC Primrose (WAGL-316)
USCGC Verbena (WAGL-317)

USCGC »Bluebell« (WLI-313) in Portland, Oregon 2014.

4.7.16 WAGL-540 (WLM-540) White (White Sumac)-Klasse

Diese acht 1943 bis 1944 für die U.S. Navy, als zur YF-257-Klasse gehörend, gebauten Leichter wurden 1947 und 1948 von der U.S. Coast Guard übernommen und umfänglich zu mittelgroßen 133-Fuß-Leuchtturm- und Bojen-Tendern umgebaut. *USCGC White Alder* sank 1968 bei einer Kollision. Die Außerdienststellungen erfolgten 1985 bis 2002. Je zwei Einheiten wurde an die Dominikanische Republik und Tunesien abgegeben.

Schiffserkennung: Trawler-artiger Typ, Glattdecker mit hinter der Back abgesenktem Vorschiff mit Kran und zwei parallelen Mast-Pfosten. Dahinter Aufbau mit Steuerhaus am vorderen Ende und kleinem Schornstein dahinter.

WAGL-540 bis WAGL-547	
Bauwerft	Erie Concrete & Steel Supl Comp. (4), Niagara Sbdg., Buffalo (2), Basalt Rock, Napa (2)
Stapellauf	1943 und 1944, Umbauten: 1947 und 1948
Wasserverdrängung	600 ts.
Abmessungen (LxBxT)	40,2 x 9,1 x 2,7 m
Antrieb	Diesel, 1200 PS, 2 Wellen
Geschwindigkeit	11 kn
Bewaffnung	keine

USCGC White Sumac (WAGL-540), ex- USN USS YF-416; 2002 an Dom. Rep.: Capotillo (BA-2)
USCGC White Alder (WAGL-541), ex- USN USS YF-417
USCGC White Bush (WAGL-542), ex- USN USS YF-339
USCGC White Holly (WAGL-543), ex- USN USS YF-341; 2018 an Sea Shepards
USCGC White Sage (WAGL-544), ex- USN USS YF-444
USCGC White Heath (WAGL-545), ex- USN USS YF-445; 1998 an Tunesien: Turgueness
USCGC White Lupine (WAGL-546), ex- USN USS YF-446; 1998 an Tunesien: Tabarka
USCGC White Pine (WAGL-547), ex- USN USS YF-448; 1999 an Dom. Rep.: Tortuguero (BA-1)

USCGC »White Sumac« (WLM-540), aufgenommen 1967.

Der Kutter USCGC »White Sumac« (WLM-540) in New Orleans.

USCGC »White Heath« (WLM-545) auf einem Foto von 1967.

4.7.17 WLI-65.400 Bayberry-Klasse

Die zwei 65-Fuß-Binnen-Leuchtturm- und Bojen-Tender *USCGC Bayberry* und *USCGC Elderberry* wurden 1954 in Dienst gestellt und dienen in Alaska bei der U.S. Coast Guard. Bereits 1946 wurden vier weitere sehr ähnliche 65-Fuß-Binnen-Leuchtturm- und Bojen-Tender fertiggestellt, die der Klasse zugerechnet werden. Namen erhielten alle 1963. Vorher waren sie auch »CGC«.

Schiffserkennung: Flaches Backdeck mit Schanzkleid am Bug und Kran. Ab der Schiffsmitte ist der Rumpf ein Deck höher, darauf Aufbau mit Steuerhaus vorne und niedrigem, leicht schrägen Schornstein dahinter. Hinter dem Aufbau leeres Achtedeck, Kreuzerheck. Die früheren Einheiten unterscheiden sich dadurch, dass dar Rumpf erst weiter hinten, am Ende des Aufbaus, ein Deck angehoben ist.

WLI-65.400 bis WLI-65.402, WLI-65.303 bis WLI-65.305	
Bauwerft	Reliable Welding Works, Olympia (2), Dubuque (4)
Stapellauf	1954, frühere 1946
Wasserverdrängung	71 ts., frühere 68 ts.
Abmessungen (LxBxT)	19,8 x 5,2 x 1,5 m, frühere 19,8 x 5 x 1,2 m
Antrieb	Diesel, 400 PS, 2 Wellen, frühere 220 PS, 1 Welle
Geschwindigkeit	11 kn, frühere 9 kn
Bewaffnung	Keine

USCGC Bayberry (WLI-65.400)
USCGC Elderberry (WLI-65.401)
USCGC Blueberry (WLI-65.402)
USCGC Blackberry (WLI-65.303)
USCGC Chokeberry (WLI-65.304)
USCGC Loganberry (WLI-65.4305)

USCGC »Bayberry« (WLI-65400) der »Bayberry«-Klasse.

4.7.18 WAGL-641 Azalea-Klasse

1958 und 1963 wurden noch zwei 100-Fuß-Binnen-Leuchtturm- und Bojen-Tender gebaut, die gleichfalls als »B«-Typ der 100-Fuß-Klasse zugeordnet werden. Beide wurden 1973 zu »WLI« umklassifiziert, Azalea 1979 verkauft.

Schiffserkennung: Ähnlich *Blubell*-Klasse aber mit flacherem Bug ohne erhöhte Back und mit vorn abgerundeten sehr hohem aber kurzem turmartigen Brückenaufbau. Dahinter Pfahlmast und Schornstein auf niedrigem Aufbau.

WAGL-641, WAGL-642	
Bauwerft	Curtis Bay
Stapellauf	1958 und 1963
Wasserverdrängung	200 ts.
Abmessungen (LxBxT)	30,5 x 7,3 x 1,5 m
Antrieb	Diesel, 600 PS, 2 Wellen
Geschwindigkeit	10 kn
Bewaffnung	keine

USCGC Azalea (WAGL-641)
USCGC Buckthorn (WAGL-642)

USCGC »Buckthorn« (WAGL-642)

4.7.19 WLR-65.501 Ouachita-Klasse

Diese sechs 56-Fuß-Fluss-Leuchtturm- und Bojen-Tender wurden zwischen 1960 und 1962 gebaut. In Dienst gestellt wurden sie noch als namenlose »CGC«. Die Schiffe fahren meist im Mississippi-Missouri-Gebiet als Schubschiff mit zugehörigem Leichter mit darauf montiertem Kran und kleinem Aufbau.

Schiffserkennung: Pontonartiger rechteckiger flacher und niedriger Rumpf mit abgerundeten »Ecken« am Bug und Heck. Nach sehr kurzem Vorschiff Aufbautenkomplex mit kanzelartigem Steuerhaus vorn, direkt hinter dem Aufbaudeck zwei parallele stromlinienförmige Schornsteine mit schrägen Kappen. Kurzes Achterdeck.

WLR-65.501 bis WLR-65.506	
Bauwerft	Platzer Shipyard (2), Houston, Gibbs, Jacksonville (4)
Stapellauf	1960 bis 1962
Wasserverdrängung	145 ts.
Abmessungen (LxBxT)	19,9 x 6,4 x 1,5 m
Antrieb	Diesel, 750 PS, 2 Wellen
Geschwindigkeit	10 kn
Bewaffnung	keine

USCGC Ouachita (WLR-65.501)
USCGC Cimmaron (WLR-65.502)
USCGC Obion (WLR-65.503)
USCGC Scioto (WLR-65.504)
USCGC Osage (WLR-65.505)
USCGC Sangamon (WLR-65.506)

USCGC »Obion« (WLR-65503) der »Ouachita«-Klasse am Ohio River bei Louisville, Kentucky 2008.

4.7.20 WAGL-685 (WLM-685) Red (Red Wood)-Klasse

Diese fünf mittelgroßen 157-Fuß-Leuchtturm- und Bojen-Tender wurden zwischen 1964 und 1971 gebaut. Die letzten drei wurden gleich als »WLM« klassifiziert. Sie wurden 1999 außer Dienst gestellt und gingen anschließend an Argentinien. Die beiden anderen wurden 1996 und 1997 außer Dienst gestellt.

Schiffserkennung: Erhöhte Back mit Schanzkleid, danach langes Vorschiff ein Deck tiefer als der restliche Rumpf mit Kranausleger und torartig eingezogener Aufbautenfront über der hohen Brücke mit leicht gerundeter Front und Mast auf dem Aufbautenkomplex der etwas vor der Schiffsmitte beginnt und abgesenkt weit nach hinten reicht. Darauf konischer Schornstein und am achteren Ende Dreibeinmast. Kürzeres Achterschiff mit Kreuzerheck.

WAGL-685 und WAGL-686 WLM-687 bis WLM-689	
Bauwerft	Curtis Bay
Stapellauf	1964 bis 1971
Wasserverdrängung	512 ts.
Abmessungen (LxBxT)	47,9 x 10,1 x 1,8 m
Antrieb	Diesel, 1800 PS, 2 Wellen
Geschwindigkeit	13 kn
Bewaffnung	keine

USCGC Red Wood (WAGL-685); 1999 an Argentinien: ARA Ciuad de Rosario (Q-62)
USCGC Red Beech (WAGL-686)
USCGC Red Birch (WLM-687); 2000 an Argentinien: ARA Punta Alta (Q-63)
USCGC Red Cedar (WLM-688); 1999 an Argentinien: ARA Ciuad de Zárate (Q-61)
USCGC Red Oak (WLM-689)

USCGC »Red Birch« (WLM-687) der Red- oder »Red Wood«-Klasse.

USCGC »Red Cedar« (WLM-688) am Potomac River 1991.

4.7.21 WLR-75.401 Gasconade-Klasse

Diese neun 75-Fuß-Fluss-Leuchtturm- und Bojen-Tender wurden von 1964 bis 1966 gebaut. Sie fahren meist im Missisipi-Missouri-Gebiet als Schubschiffe mit zugehörigem Leichter mit darauf montiertem Kran und kleinem Aufbau.

Schiffserkennung: Sehr ähnlich *Ouachita*, aber etwas voluminöserer Aufbautenkomplex.

USCGC »Patoka« (WLR-75408) der »Gasconade«-Klasse in Greenville, Mississippi.

WLR-75.401 bis WLR-75.409	
Bauwerft	Saint Louis Sbdg. & Steel, Maxon Constuctr. (4), Halter M. (4)
Stapellauf	1960 bis 1962
Wasserverdrängung	141 ts.
Abmessungen (LxBxT)	22,9 x 6,7 x 1,4 m
Antrieb	Diesel, 600 bzw. 1250 PS, 2 Wellen
Geschwindigkeit	8 bzw.10 kn
Bewaffnung	keine

USCGC Gasconade (WLR-75.401)
USCGC Muskingum (WLR-75.402)
USCGC Wayaconda (WLR-75.403)
USCGC Chippewa (WLR-75.404)
USCGC Cheyenne (WLR-75.405)
USCGC Kickapoo (WLR-75.406)
USCGC Kanawah (WLR-75.407)
USCGC Patoka (WLR-75.408)
USCGC Chena (WLR-75.409)

4.7.22 WLI-80.801 Tern

Dieser 80-Fuß-Binnen-Leuchtturm- und Bojen-Tender wurde 1969 in Dienst gestellt und bereits 1977 wieder außer Dienst gestellt. Er wurde nach dem alternativen Konzept eines Heckladers gebaut.

Schiffserkennung: Fischkutter-Typ: Glattdecker (Flushdecker) ohne Deckssprung mit Schanzkleid. Aufbau mit Steuerhaus und kleiner Dreibenmast ganz vorn, auf dem langen Achterdeck Poartalkran, am Spiegelheck ohne Schanzkleid.

WLI-80.801	
Bauwerft	USCG Yard, Baltimore
Stapellauf	1969
Wasserverdrängung	500 ts.
Abmessungen (LxBxT)	24,4 x 7,4 x 3,4 m
Antrieb	Diesel, 500 PS, 2 Wellen
Geschwindigkeit	unbekannt
Bewaffnung	keine

WLI-80801 »Tern«, aufgenommen 1969.

4.7.23 WLR-75.500 Kanakee-Klasse

Diese beiden 75-Fuß-Fluss-Leuchtturm- und Bojen-Tender wurden 1990 gebaut.

Schiffserkennung: Sehr ähnlich *Ouachita*, aber durchgängig zweistöckiger Aufbautenkomplex, eckige Schornsteine hinter dem kanzelartigen Steuerhaus.

WLR-75.500, WLR-75.501	
Bauwerft	Avondale Shipbuilding
Stapellauf	1990
Wasserverdrängung	172 ts.
Abmessungen (LxBxT)	22,9 x 7,3 x 1,5 m
Antrieb	Diesel, 1080 PS, 2 Wellen
Geschwindigkeit	12 kn
Bewaffnung	keine

USCGC Kanakee (WLR-75.500)
USCGC Greenbrier (WLR-75.501)

USCGC »Kankakee« (WLR-75500), ein 75-Fuß-Fluss-Leuchtturm- und Bojen-Tender, im Heimatstützunkt in Memphis, Tennessee.

USCGC »Greenbrier« (WLR-75501) der »Kanakee«-Klasse.

4.7.24 WLM-551 Keeper (Ida Lewis)-Klasse

Diese vierzehn mittelgroßen 175-Fuß-Leuchtturm- und Bojen-Tender wurden von 1996 bis 2000 gebaut. Diese Klasse sollte gemeinsam mit der folgenden Klasse die noch aus dem Zweiten Weltkrieg stammenden neununddreißig Leuchtturm- und Bojen-Tender der *Balsam/Cactus*-Klasse und die acht der *White*-Klasse ersetzen.

Schiffserkennung: Eisbrecherbug, erhöhte Back mit Kran, danach langes Vorschiff ein Deck tiefer als der restliche Rumpf. Zweistöckiger Aufbautenkomplex, der vor der Schiffsmitte beginnt und abgestuft weit nach hinten reicht, mit Kanzel vor der Front und Steuerhaus mit Mast und eckigem Schornstein darauf. Kürzeres Achterschiff mit gering vorgewölbtem flachen Heck.

WLM-551 bis WLM-564	
Bauwerft	Marinette Marine Corp.
Stapellauf	1995 bis 1999
Wasserverdrängung	850 ts.
Abmessungen (LxBxT)	53,5 x 11 x 2,4 m
Antrieb	Diesel, 1920 PS, 2 Azimuth
Geschwindigkeit	12 kn
Bewaffnung	keine

USCGC Ida Lewis (WLM-551)
USCGC Katherine Walker (WLM-552)
USCGC Abbie Burgess (WLM-553)
USCGC Marcus Hannah (WLM-554)
USCGC James Rankin (WLM-555)
USCGC Joshua Appleby (WLM-556)
USCGC Frank Drew (WLM-557)
USCGC Anthony Petit (WLM-558)
USCGC Barbara Mabrity (WLM-559)
USCGC William Tate (WLM-560)
USCGC Harry Claiborne (WLM-561)
USCGC Maria Bray (WLM-5621)
USCGC Henry Blake (WLM-563)
USCGC George Cobb (WLM-564)

Kutter »Anthony Petit« (WLM-558), bei der Bojen-Wartung.

USCGC »Henry Blake« (WLM-563) der Keeper bzw. »Ida Lewis«-Klasse, aufgenommen 2009 bei der Übung Pacific Unity 2009 in Kanada, im Einsatz als Bojenleger.

USCGC »Anthony Petit« (WLM-558), aufgenommen in Ketchikan.

4.7.25 WLB-201 Juniper-Klasse

Diese sechzehn großen 225-Fuß-Leuchtturm- und Bojen-Tender wurden zwischen 1996 und 2006 gebaut. Diese Klasse sollte gemeinsam mit der vorhergehenden Klasse die noch aus dem Zweiten Weltkrieg stammenden neununddreißig Leuchtturm- und Bojen-Tender der *Balsam/Cactus*-Klasse ersetzen.

Schiffserkennung: Eisbrecherbug, erhöhte Back mit Schanzkleid und Kran, danach langes Vorschiff ein Deck tiefer als der restliche Rumpf. Zweistöckiger Aufbautenkomplex, der vor der Schiffsmitte beginnt und abgestuft weit nach hinten reicht, und Steuerhaus mit Mast und eckigem Schornstein darauf. Kürzeres Achterschiff mit gering vorgewölbtem flachen Heck.

WLB-201 bis WLB-216	
Bauwerft	Marinette Marine Corp.
Stapellauf	1995 bis 2006
Wasserverdrängung	2000 ts.
Abmessungen (LxBxT)	68,6 x 14 x 4 m
Antrieb	Diesel, 6100 PS, 1 Welle
Geschwindigkeit	16 kn
Bewaffnung	1 x 25 mm, 2 MG

WLB-201 »Juniper«, das Typschiff der gleichnamigen Klasse.

USCGC »Kukui« (WLB-203) in Alaska 2020.

USCGC Juniper (WLB-201)
USCGC Willow (WLB-202)
USCGC Kukui (WLB-203)
USCGC Elm (WLB-204)
USCGC Walnut (WLB-205)
USCGC Spar (WLB-206)
USCGC Maple (WLB-207)
USCGC Aspen (WLB-208)
USCGC Sycamore (WLB-209)
USCGC Cypress (WLB-210)
USCGC Oak (WLB-211)
USCGC IHickory (WLB-212)
USCGC Fir (WLB-213)
USCGC Hollyhock (WLB-214)
USCGC Sequoia (WLB-215)
USCGC Alder (WLB-216)

USCGC »Elm« (WLB-204) beim Eisbrechen.

USCGC »Elm« (WLB-204),
im Einsatz als Bojenleger.

USCGC »Fir« (WLB-213) vor Tillamook Rock Light, Oregon.

4.8. Kutter, Transporter-Typ (WAK, WLIC)

4.8.1 WAK-123 Asterion

WAK-123	
Bauwerft	Newport News Shipbuilding
Stapellauf	1912
Wasserverdrängung	6610 ts.
Abmessungen (LxBxT)	116,5 x 14 x 6,6 m
Antrieb	Dampf, 1200 PS, 1 Welle
Geschwindigkeit	11 kn
Bewaffnung	4 x 102 mm, 6 MG, Wabo

Dieser 1912 vom Stapel gelaufene 382-Fuß Frachtdampfer wurde 1942 von der U.S. Navy als AK-100, *USS Asterion* in Dienst gestellt, diente aber als U-Boot-Falle (Q-Ship). 1944 wurde das Schiff als *USCGC Asterion* von der U.S. Coast Guard übernommen, die es als Wetterbeobachtungsschiff auf der Atlantik-Station einsetzte. Nach Kriegsende wurde es bereits im selben Jahr außer Dienst gestellt und 1946 zum Abbruch verkauft.

Schiffserkennung: Inseltyp mit erhöhter Back und Poop, mittschiffs Aufbautenblock mit Brücke vorn und Scheinbrücke achtern, dazwischen hoher dünner Schornstein. Zwei Masten auf Vor- und Achterdeck, jeweils zwischen den Ladeluken.

Transporter WAK-123 »Asterion«, ex USS »Asterion« (AK-100), ex SS »Evelyn« der A. H. Bull Steamship Line; aufgenommen am 10. Mai 1942. Das Schiff war nur von Januar bis Juli 1944 bei der USCG und meist als Wetterschiff im Einsatz.

4.8.2 WAK-185 Unalga-*Klasse*

WAK-185, WAK 186	
Bauwerft	Froemming Brothers, Milwaukee, Leathham D. Smith
Stapellauf	1944 und 1945
Wasserverdrängung	7450 ts.
Abmessungen (LxBxT)	118,4 x 15,2 x 8,9 m
Antrieb	Diesel, 1750 PS, 1 Welle
Geschwindigkeit	12 kn
Bewaffnung	1 x 76 mm; 6 x 20 mm

Von den sechzig 388-Fuß-Versorgern der *Alamosa*-Klasse der U.S. Navy, die 1944 und 1945 in Dienst gingen, wurden zwei 1945 und 1946 von der U.S. Coast Guard übernommen. Diese Schiffe basiertem auf dem zivilen Frachtschiff-Entwurf Typ C1-M-AV1 der U.S. Maritime Commission. Sie erhielten bei Übernahme neue Namen und Nummern. Sie wurden 1950 und 1972 außer Dienst gestellt. Ein weiteres Schiff dieses Typs, *USCGC Courier*, diente ab 1952 bei der U.S. Coast Guard, zunächst als »WAGR« (Nachrichtenübermittlungsschiff) und dann als »WTR« (Schulschiff).

Schiffserkennung: Back und Poop erhöht, Aufbautenblock mit Brücke weit achtern mit aufgesetzter Brücke und kleinem runden Schornstein dahinter. Zwei Masten mit Ladebäumen zwischen den Ladeluken auf dem Vorschiff.

USCGC Unalga (WAK-185); ex- USN USS AK-215 Tipton
USCGC Kukui (WAK-186); ex- USN USS AK- 174 Colquitt, 1972 an Philippinen: BAP Maltan

USCGC »Kukui« (WAK-186) der »Alamosa«/»Unalga«-Klasse

4.8.3 WAK-169 Nettle-*Klasse*

Diese drei 176-Fuß-Versorger waren 1945 und 1946 vom Typ 381 bzw. 424 als Frachtversorger *USAV FS-396, USAV FS-397* bzw. *USAV FS-222* für die U.S. Army fertig gestellt worden und 1947 an die U.S. Coast Guard übergeben worden. 1950 und 1968 wurden die Schiffe abgegeben.

Schiffserkennung: Back erhöht, achtern Schanzkleid. Aufbautenblock mit Brücke weit achtern mit aufgesetzter Brücke mit Mast und kleinem runden Schornstein dahinter. Ein Mast mit Ladebäumen zwischen den Ladeluken auf dem Vorschiff.

WAK-169, WAK-170, WAK-246	
Bauwerft	Ingalls Shipbuilding, Decatur (2), Higgins Industries
Stapellauf	1945
Wasserverdrängung	935 ts.
Abmessungen (LxBxT)	53,6 x 9,8 x 3,1 m
Antrieb	Diesel, 1000 PS, 2 Wellen
Geschwindigkeit	12 bzw. 14 kn
Bewaffnung	1 x 40 mm

USCGC Nettle (WAK-169); ex- USAV FS-396, 1968 an Philippinen: BRP Limasawa (AE-
USCGC Kukui (WAK-186); ex- USAV FS-397; 1950 an USN
USCGC Spruce (WAK-246); ex- USAV FS-222

WAK-169 »Nettle« auf den Philippinen 1967.

4.8.4 WLIC-75.301 Anvil-Klasse

Diese zehn 75-Fuß-Binnen-Konstruktionstender wurden von 1962 bis 1966 gebaut. Die Schiffe werden zumeist zusammen mit einem beigeordneten Leichter, der einen größeren Baukran trägt, eingesetzt. *USCGC Spike* wurde bereits 1986 außer Dienst gestellt.

Schiffserkennung: Sehr ähnlich den Binnen-Leuchtturm und -Bojentendern der *Gasconade*-Klasse.

WLIC-75.301 bis WLIC-75.310	
Bauwerft	Gibbs (2), McDermott (3), Sturgeon Bay (2), Dorchester (3)
Stapellauf	1962 bis 1966
Wasserverdrängung	129 ts.
Abmessungen (LxBxT)	23,2 x 6,9 x 1,4 m
Antrieb	Diesel, 630 PS, 2 Wellen
Geschwindigkeit	10 kn
Bewaffnung	keine

USCGC Anvil (WLIC-75.301)
USCGC Hammer (WLIC-75.302)
USCGC Sledge (WLIC-75.303)
USCGC Mallet (WLIC-75.304)
USCGC Vise (WLIC-75.305)
USCGC Clamp (WLIC-75.306)
USCGC Wedge (WLIC-75.307)
USCGC Spike (WLIC-75.308)
USCGC Hatchett (WLIC-75.309)
USCGC Axe (WLIC-75.310)

WLIC-75301 »Anvil« der »Anvil«-Klasse, aufgenommen 2016.

Kutter WLIC-75301 »Anvil«, geliftet von einem Schwimmkran, 2017.

USCGC »Sledge« (WLIC-75303) der »Anvil«-Klasse, aufgenommen 2010 beim Setzen von Bojen am Potomac River.

4.8.5 WLIC-800 Pamlico-Klasse

Diese vier 160-Fuß-Binnen-Konstruktionstender wurden von 1967 bis 1976 gebaut.

Schiffserkennung: Sehr ähnlich den Binnen-Konstruktionstendern der *Anvil*-Klasse, allerdings mit sehr langem flachen Vorschiff mit Deckshaus vor der Brücke und größerem Baukran, statt einem zugehörigen Leichter, und hohem Mast auf dem Achterdeck.

WLIC-800 bis WLIC-803	
Bauwerft	Curtis Bay, Baltimore
Stapellauf	1967 bis 1976
Wasserverdrängung	474 ts.
Abmessungen (LxBxT)	48,8 x 9,1 x 1,4 m
Antrieb	Diesel, 1000 PS, 2 Wellen
Geschwindigkeit	11 kn
Bewaffnung	keine

USCGC Pamilco (WLIC-800)
USCGC Hudson (WLIC-801)
USCGC Kennebec (WLIC-802)
USCGC Saginaw (WLIC-803)

Kutter WLIC-800 »Pamlico« der gleichnamigen Klasse.

USCGC »Hudson« (WLIC-801) der »Pamlico«-Klasse in Biscayne Bay, Florida, im Oktober 2011.

4.9. Kutter, Feuerschiff-Typ (WAL, WLV)

Mit Übernahme der Aufgaben des U.S. Lighthouse Service 1939 übernahm die U.S. Coast Guard auch deren Schiffe, speziell die Leuchtturm- und Bojen-Tender und die Feuerschiffe. Die 43 übernommenen Feuerschiffe führten bei Übernahme »LV« (Light Vessel)-Kennungen, von denen 39 später mit dem Präfix »WAL« und neuen Nummern, und die 1966 noch in Dienst befindlichen 19 Schiffe später mit dem Präfix »WLV« versehen wurden. Nur noch sechs Feuerschiffe wurden durch die U.S. Coast Guard neu in Dienst gestellt. Sie erhielten 1966 auch die Klassifikation »WLV«. Die Feuerschiffe erhielten bis auf die letzten beiden keine eigenen offiziellen Namen, hatten aber ihre, ggf. wechselnde, jeweilige geografische Station in großen Lettern auf dem Rumpf gemalt. In den Weltkriegen dienten einige zuletzt auch als »YF« bei der U.S. Navy.

4.9.1 WAL-501 *-Klasse*

Diese zwei 99-Fuß-Feuerschiffe wurden 1892 in Dienst gestellt, die Außerdienststellungen erfolgten 1947 und 1955.

Schiffserkennung: Backdecker mit abgesenktem Achterdeck im hinteren Schiffsviertel. Gerader Bugsteven. Nur geringer Deckssprung vorn und achtern. Vor der Schiffsmitte kleiner Brückenaufbau mit hohem röhrenförmigen Mast, der eine große Laterne trägt. Dahinter steht ein hoher dünner gerader Schornstein auf dem Hauptdeck. Kleines Deckshaus auf dem Achterdeck.

WLV-501, WLV-502	
Bauwerft	J.W. Wheeler
Stapellauf	1892
Wasserverdrängung	375 ts.
Abmessungen (LxBxT)	30,2 x 6,8 x 2,9 m
Antrieb	Dampf 135 PS, 1 Welle
Geschwindigkeit	6 kn
Bewaffnung	keine

USCGC WAL-501; ex- LV-53, »Stone Horse«
USCGC WAL-502; ex- LV-54, »Relief«

Feuerschiff »Swiftsure«.

Feuerschiff »Stone Horse«.

4.9.2 WAL-503 / WAL-504 / WAL-509 (WLV-509)-Klasse

Diese sechzehn 129-Fuß bis 136-Fuß-Feuerschiffe wurden 1901 bis 1911 in Dienst gestellt, die Außerdienststellungen erfolgten 1947 bis 1970. Zwei gingen durch Unfälle verloren.

Schiffserkennung: Glattdecker (Flushdecker), schräger Bugsteven. Deutlicher Deckssprung vorn und geringerer achtern. Auf dem Vor- und Achterdeck jeweils kleines Deckshaus mit hohen Masten zur Schiffsmitte hin, die die Leuchtfeuer tragen. In der Schiffsmitte flacher Aufbau mit Steuerstand, Suchscheinwerferplattform, Lüftern und hohem dünnen geraden Schornstein.

WLV-503 bis WLV-518	
Bauwerft	Spedden Sbdg., Burlee Drydock, Racine B. New York Sbdg. (9), Fore River (4)
Stapellauf	1904 bis 1908
Wasserverdrängung	668 bis 693 ts.
Abmessungen (LxBxT)	39,3 bis 41,3 x 8,7 bis 8,9 bis 3,8 bis 3,9 m
Antrieb	Dampf/Diesel, 325 bis 381 PS, 1 Welle
Geschwindigkeit	8 bis 10 kn
Bewaffnung	keine

USCGC WAL-503; ex- LV-73, »Pollock«, 1944 im Sturm gesunken
USCGC WAL-504; ex- LV-76, »Relief«
USCGC WAL-505; ex- LV-78, »Relief«, 1960 nach Kollision gesunken
USCGC WAL-506; ex- LV-79, 1966: WLV, »Boston« /»Barnegat«
USCGC WAL-507; ex- LV-81, »Boston«
USCGC WAL-508; ex- LV-83, »San Francisco«
USCGC WAL-509; ex- LV-84, 1966: WLV»St. Johns«
USCGC WAL-510; ex- LV-85, »Relief«
USCGC WAL-511; ex- LV-86, »Hens and Chickens«
USCGC WAL-512; ex- LV-87, 1966: WLV, »Scotland« / »Ambrose«
USCGC WAL-513; ex- LV-88, »Swiftsure«
USCGC WAL-514; ex- LV-90, »Portland«
USCGC WAL-515; ex- LV-91, »Relief«
USCGC WAL-516; ex- LV-92, »Relief«
USCGC WAL-517; ex- LV-93 »Columbia«
USCGC WAL-518; ex- LV-94, »Savannah«

4.9.3 WAL-519-Klasse

Diese acht 97 Fuß- bis 101-Fuß-Feuerschiffe wurden 1916 bis 1921 vor allem für die Großen Seen in Dienst gestellt, die Außerdienststellungen erfolgten 1963 bis 1971. Eines ging durch Unfall verloren.

Schiffserkennung: Glattdecker (Flushdecker) mit starkem Deckssprung vorn und geringem achtern. Deutlich vor der Schiffsmitte kleines Steuerhaus dahinter ein hoher röhrenförmigen Mast, der eine große Laterne trägt. Dahinter ein hoher dünner Schornstein auf dem Hauptdeck dahinter achtern ein Niedergang. Einige Einheiten hatten auch nur hohes sehr dünnes Abgasrohr oder einen kurzen Schornstein oder einen zweiten Mast ohne Leuchtfeuer achtern.

WAL-519 bis WAL-526	
Bauwerft	Racine Boats (3), Pursey und Jones (2), Rice Brothers, Consolidated
Stapellauf	1916 bis 1921
Wasserverdrängung	366 ts.
Abmessungen (LxBxT)	31 x 7,6 x 3,5 m
Antrieb	Dampf/Kerosin/Diesel, 175/200/315 PS, 1 Welle
Geschwindigkeit	8 kn
Bewaffnung	keine

USCGC WAL-519; ex- LV-95, »Diamond«
USCGC WAL-520; ex- LV-96, »Poe Reef«
USCGC WAL-521; ex- LV-98, »Buffalo«
USCGC WAL-522; ex- LV-99, »Poe Reef«
USCGC WAL-524; ex- LV-101, 1966: WLV, »Portsmouth«
USCGC WAL-525; ex- LV-102, 1966: WLV, »Brenton Reef«
USCGC WAL-526; ex- LV-103, 1966: WLV, »Huron«

4.9.4 WAL-523 / WAL-528 (WLV-523 / WLV-528)-*Klasse*

Diese zwölf 133-Fuß-Feuerschiffe wurden 1922 bis 1930 in Dienst gestellt, die Außerdienststellungen erfolgten 1967 bis 1975. Eine weitere Einheit des Typs (LV-117) sank 1934 nach Kollision mit dem *Titanic*-Schwesternschiff *RMS Olympic* auf der »Nantucket«-Station. Von den verbliebenen Einheiten ging eine weitere 1944 verloren. Alle übrigen Schiffe wurden 1966 »WLV«. Zwei Einheiten wurden später an Surinam, eine an Uruguay und eine an die U.S. Navy in Vietnam abgegeben.

Schiffserkennung: Glattdecker (Flushdecker) mit Deckssprung vorn und achtern. Deutlich vor der Schiffsmitte beginnender Aufbautenblock mit gerundeter Front mit Brücke dahinter ein hoher Mast mit einer Rah und Leuchtfeuer sowie einem hohen dünnen Schornstein. Hinter den Aufbauten steht ein weiterer hoher Mast mit einer Rah und Leuchtfeuer, dahinter ein Deckshaus auf dem Achterdeck.

WLV-503 bis WLV-518	
Bauwerft	Spedden Sbdg., Burlee Drydock, Racine B. New York Sbdg. (9), Fore River (4)
Stapellauf	1904 bis 1908
Wasserverdrängung	668 bis 693 ts.
Abmessungen (LxBxT)	39,3 bis 41,3 x 8,7 bis 8,9 bis 3,8 bis 3,9 m
Antrieb	Dampf/Diesel, 325 bis 381 PS, 1 Welle
Geschwindigkeit	8 bis 10 kn
Bewaffnung	keine

USCGC WAL-523; ex- LV-100, »Blunts Reef«, 1971 an USN
USCGC WAL-527; ex- LV-105, »Diamond«, 1944 nach Kollision gesunken
USCGC WAL-528; ex- LV-106, »Nantucket«, 1969 an Surinam
USCGC WAL-529; ex- LV-107, »Cape Lookout«
USCGC WAL-530; ex- LV-108, »Five Fathom«
USCGC WAL-531; ex- LV-109, »Relief«, 1967 an Surinam
USCGC WAL-532; ex- LV-110, »Pollock«
USCGC WAL-533; ex- LV-111, »Ambrose«, 1969 an Uruguay
USCGC WAL-535; ex- LV-113, »Swiftsure«
USCGC WAL-536; ex- LV-114, »Fire Island«
USCGC WAL-537; ex- LV-115, »Frying Pan«
USCGC WAL-538; ex- LV-116, »Cheasapeake«

4.9.5 WAL-534 (WLV-534)

Dieses 148-Fuß-Feuerschiff wurde 1936 als LV-112 für die Nantucket-Station in Dienst gestellt, 1966 zu »WLV« umklassifiziert und 1983 außer Dienst gestellt.

Feuerschiff »San Francisco«

WAL-534	
Bauwerft	Pursey und Jones
Stapellauf	1936
Wasserverdrängung	1050 ts.
Abmessungen (LxBxT)	45,4 x 9,8 x 5 m
Antrieb	Dampf/Diesel, 900/1600 PS, 1 Welle
Geschwindigkeit	12 kn
Bewaffnung	1 x 76 mm

Schiffserkennung: Glattdecker (Flushdecker) mit Deckssprung vorn und achtern. Deutlich vor der Schiffsmitte beginnender flacher Brückenaufbau mit gerundeter Front und einem hohen Mast mit einer Rah und Leuchtfeuer darauf, dahinter ein in der Schiffsmitte auf dem Hauptdeck befindlicher breiter ovaler Schornstein, dahinter wiederum zwei Deckshäuser zwischen denen ein zweiter hoher Mast mit einer Rah und Leuchtfeuer positioniert ist.

4.9.6 WAL-539 (WLV-539)

Dieses 114-Fuß-Feuerschiff wurde 1938 als LV-118 für die Confield Point-Station in Dienst gestellt, 1966 zu »WLV« umklassifiziert und 1972 außer Dienst gestellt.

Schiffserkennung: Glattdecker (Flushdecker) mit deutlichem Deckssprung vorn und geringerem achtern. Kurz vor der Schiffsmitte beginnender Aufbautenblock mit gerundeter Front mit Brücke, dahinter ein hoher Mast mit einer Rah und Leuchtfeuer sowie ein hoher dünner Schornstein darauf.

WAL-539	
Bauwerft	Rice Brothers, Bootbay
Stapellauf	1938
Wasserverdrängung	412 ts.
Abmessungen (LxBxT)	35 x 7,9 x 4,1 m
Antrieb	Diesel, 400 PS, 1 Welle
Geschwindigkeit	9 kn
Bewaffnung	keine

Das im Krieg verloren gegangene Feuerschiff »Diamond« WAL-527 (ex LV-105).

4.9.7 WAL-189-*Klasse*

Diese 115-Fuß-Feuerschiffe wurden 1946 für die U.S. Coast Guard gebaut. Sie waren die ersten eigenen Entwürfe der USCG. 1966 wurden die Schiffe zu »WLV« umklassifiziert und 1975 außer Dienst gestellt.

Schiffserkennung: Glattdecker (Flushdecker) mit mäßigem Deckssprung vorn und achtern. Kurz vor der Schiffsmitte beginnender flacher Aufbautenblock mit gerundeter Front und Brücke und größerem runden, leicht schrägen Schornstein darauf. Auf dem Vordeck und hinter dem Aufbau jeweils ein hoher Mast mit einer Rah und Leuchtfeuern darüber.

WLV-189, WLV-196	
Bauwerft	Rice Brothers, Bootbay
Stapellauf	1946
Wasserverdrängung	412 ts.
Abmessungen (LxBxT)	35 x 7,9 x 4,1 m
Antrieb	Diesel, 400 PS, 1 Welle
Geschwindigkeit	9 kn
Bewaffnung	keine

USCGC WLV-189; »Diamond«
USCGC WLV-196; »Pollack«

Feuerschiff WLV-189 »Diamond«, aufgenommen 1962.

WLV-604 »Columbia«, seit 1979 Museumsschiff im Columbia River Maritime Museum in Astoria, Oregon, in einem Foto aus 2006.

4.9.8 WAL-604 (WLV-604)-*Klasse*

Diese zwei 128-Fuß-Feuerschiffe wurden 1950 und 1951 in Dienst gestellt, die Außerdienststellungen erfolgten 1975 und 1979.

Schiffserkennung: Glattdecker (Flushdecker) mit mäßigem Deckssprung vorn und achtern. Etwas vor der Schiffsmitte beginnender Aufbautenblock mit gerundeter Front und Brücke und größerem runden Schornstein darauf. Vor und hinter dem Aufbau jeweils ein hoher Mast mit einer Rah und Leuchtfeuern darüber.

WAL-604, WAL-605	
Bauwerft	Rice Brothers Corp., Boothbay
Stapellauf	1950
Wasserverdrängung	627 ts.
Abmessungen (LxBxT)	39 x 9,1 x 3,4 m
Antrieb	Diesel, 550 PS, 1 Welle
Geschwindigkeit	11 kn
Bewaffnung	keine

USCGC WAL-604; »Columbia«
USCGC WAL-605; »Overfall« / »Relief«

4.9.9 WAL-612 (WLV-612)-*Klasse*

Diese zwei 128-Fuß-Feuerschiffe wurden 1950 und 1952 in Dienst gestellt, die Außerdienststellungen erfolgten 1985 und 1983.

Schiffserkennung: Sehr ähnlich der *WAL-604*-Klasse, aber mit sich konisch verjüngendem Schornstein mit auffälligen senkrechten Lüftungsschlitzen. Die WAL-613 hatte statt des vorderen Pfahlmastes ein großes Vierbein über der Brücke, auf dem ein große Laterne positioniert ist.

WAL-612, WAL-613	
Bauwerft	Curtis Bay
Stapellauf	1950 und 1952
Wasserverdrängung	627 ts.
Abmessungen (LxBxT)	39 x 9,1 x 3,3 m
Antrieb	Diesel, 550 PS, 1 Welle
Geschwindigkeit	9 kn
Bewaffnung	keine

USCGC WAL-612; Nantucket I
USCGC WAL-613; »Ambrose«, Nantucket II

WLV-612 »Nantucket«. Das Schiff wurde 2009 via ebay an Privat verkauft und liegt seit 2018, nach mehreren Zwischenstationen und Verwendungen, in Boston, MA. Die Aufnahme stammt aus 2009.

Das ehemalige Leuchtschiff »Nantucket« 2018 in Boston, Mass.

4.10. Kutter, Schulschiff-Typ (WIX, WTR)

Neben den folgend aufgeführten Einheiten verwendet die U.S. Coast Guard auch häufig Kutter anderer Kategorien als Schul- und Trainingsschiffe. Teilweise erhalten diese dann auch temporär eine »WTR«-Klassifikation.

4.10.1 WIX-283 Danmark

Dieses 1933 in Dienst gestellte dänische 188-Fuß-Segelschulschiff, ein Dreimast-Vollschiff, befand sich zum Zeitpunkt der Besetzung Dänemarks durch die deutsche Wehrmacht in den USA und ließ sich dort internieren. Nach Kriegseintritt der USA stellte der dänische Kommandant das Schiff diesen zur Verfügung. 1942 wurde es von der U.S. Coast Guard als Segelschulschiff für die U.S. Coast Guard Academy übernommen, und wurde nach Kriegsende 1945 an Dänemark zurückgegeben.

WIX-283	
Bauwerft	Naskov Sips, Dänemark
Stapellauf	1933
Wasserverdrängung	1700 ts.
Abmessungen (LxBxT)	50,7 x 10,1 x 4,5m
Antrieb	Diesel, 586 PS, 1 Welle
Geschwindigkeit	10 kn
Bewaffnung	keine

Schiffserkennung: Dreimast-Vollschiff mit erhöhter Back und Poop. Deckshäuser auf dem Mittelschiff mit kleinem runden Schornstein auf dem Achterdeck und weiterem Deckshaus auf der Poop.

USCGC WIX-283 »Danmark« in vollen Segeln. Das dänische Schiff befand sich bei Kriegsausbruch zufällig in den USA und wurde ab 1942 zur Ausbildung neuer Seekadetten der U.S. Coast Guard Academy verwendet, etwa 5000 durchliefen das Training an Bord. Die guten Erfahrungen damit führten nach 1945 zur Übernahme der »Horst Wessel« durch die USCG.

4.10.2 WIX-327 Eagle ex-Horst Wessel

Dieses 1936 für die deutsche Kriegsmarine unter dem Namen *Horst Wessel* in Dienst gestellte 295-Fuß-Segelschulschiff, eine Dreimast-Bark, wurde 1945 US-amerikanische Kriegsbeute. 1946 wurde es von der U.S. Coast Guard als Segelschulschiff für die U.S. Coast Guard Academy übernommen.

Schiffserkennung: Dreimast-Bark mit erhöhter Back und Poop. Deckshäuser auf dem Mittelschiff vorn und weiteres Deckshaus mit Steuerstand und kleinem runden Schornstein auf der Poop.

WIX-283	
Bauwerft	Blohm und Voss, Hamburg
Stapellauf	1936
Wasserverdrängung	1816 ts.
Abmessungen (LxBxT)	89,9 x 11,9 x 5,2 m
Antrieb	Diesel, 700/1000 PS, 1 Welle
Geschwindigkeit	10 kn
Bewaffnung	keine

Das Segelschulschiff »Horst Wessel« der »Gorch Fock«-Klasse der Kriegsmarine, aufgenommen vor der Marineschule in Mürwik 1937 (Foto: R. Rossow).

Kutter WIX-327 »Eagle« (ex »Horst Wessel«) in vollen Segeln 2013. Das 1936 gebaute Schiff ist offenbar unverwüstlich und auch 2022 noch in Dienst.

U.S. Coast Guard-Kutter »Eagle« (ex »Horst Wessel«) vor der Freiheitsstatue in New York 2011.

4.10.3 WTR-885 Tanager (Auk-Klasse)

Dieses 221-Fuß-Trainingsschiff war ein 1945 als AM-385 *USS Tanager* für die U.S. Navy gebauter Minensucher der *Auk*-Klasse, der 1955 zu »MSF« umklassifiziert wurde und 1963 an die U.S. Coast Guard ging. Diese stellte das Schiff 1964 als *USCG Tanager* in Dienst. 1972 wurde das Schiff außer Dienst gestellt.

Schiffserkennung: Backdecker mit kurzem Schanzkleid am Bug und mit über ein Drittel der Schiffslänge lang gezogener Back mit zweistufig abgesenkter Bordwand zum Achterdeck. Auf dem Vorschiff Geschütz hinter Brustwehr, dahinter Kompakter Brückenaufbau. Auf dem Achterdeck langer Aufbau mit zwei leicht schräg gestellten runden Schornsteinen in einigem Abstand.

WTR-885	
Bauwerft	American Sbdg., Lorain
Stapellauf	1944
Wasserverdrängung	890 ts.
Abmessungen (LxBxT)	67,4 x 9,8 x 3,3 m
Antrieb	Diesel, 1776 PS, 2 Wellen
Geschwindigkeit	18 kn
Bewaffnung	1 x 76 mm, 2 MG, Wabo

WTR-885 »Tanager«, ein ehemaliger Minensucher der »Auk«-Klasse, in USCG-Verwendung als Schulkutter von 1964–1972.

4.10.4 WTR-899 Lamar (PCE-Klasse)

Dieses 184-Fuß-Trainingsschiff war ein 1945 als *USS PCE-899* für die U.S. Navy gebauter stählerner Geleit-U-Bootjäger der PCE-842-Klasse, der 1956 den Namen *USS Lamar* erhielt und 1964 an die U.S. Coast Guard abgegeben wurde und dort 1965 als *USCG Lamar* in Dienst ging. 1969 wurde das Schiff außer Dienst gestellt.

Schiffserkennung: Backdecker mit über zwei Drittel der Schiffslänge lang gezogener Back mit zweistufig abgesenktem Heck, Geschütz auf der Back, große kompakte Brücke mit Hauptmast an der Hinterkante, ein Stück dahinter kleiner gedrungenen Schornstein mit nach hinten offener Kappe, später mit »knubbeligem« Aufsatz. Achtern zwei Flakgeschütze in Wannen, davor kleiner Mast.

WTR-899	
Bauwerft	Williamette Iron & Steel, Portland
Stapellauf	1943
Wasserverdrängung	640 ts.
Abmessungen (LxBxT)	65,2 x 10,1 x 3 m
Antrieb	Diesel, 2000 PS, 2 Wellen
Geschwindigkeit	16 kn
Bewaffnung	1 x 76 mm; 2 x 40 mm, 2 MG, Wabo

WTR-899 »Lamar« (ex PCE-899 der Navy) als Schulkutter der USCG und in dieser Funktion in Verwendung von 1964–1969.

5. Die Luftstreitkräfte der U.S. Coast Guard

5.1. Geschichte und Infrastruktur der fliegerischen Komponente der Coast Guard

Die Coast Guard unterhält traditionell auch Luftstreitkräfte, gegenwärtig insgesamt etwas über 200 Maschinen, darunter aber keine Kampfjets. Die Anfänge gehen auf das Jahr 1915 zurück, als die jungen Leutnante Elmer F. Stone und Norman B. Hall vom Coast Guard Kutter »Onondaga« ihren Kommandanten, Captain Chiswell, überzeugen konnten, dass ein Flugzeug ungleich besser Fahrzeuge in Seenot lokalisieren könne, als jeder Ausguck im Krähennest. Getestet wurde das Konzept schließlich mittels eines ausgeborgten Flugzeuges vom nahegelegenen Flugplatz Curtiss Field, etwas südlich von Newport News, Virginia. Lieutenant Stone war dann der erste Coast Guard Offizier, der zum Flugtraining an die neue Marinefliegerschule in Pensacola, Florida geschickt wurde. Er war in der Zählung der U.S. Navy der Naval Aviator Nr. 38 und wurde später zum Coast Guard Aviator Nr. 1.

Eine erste Flugstation der Coast Guard wurde erst nach dem Ersten Weltkrieg, im Jahr 1920, in Morehead City in North Carolina eingerichtet, anfangs mit sechs Flugzeugen aus Kriegsbeständen der U.S. Navy. 1928 wurde im Hauptquartier der Küstenwache unter der Leitung von Commander Norman Hall eine Luftfahrtabteilung (Aviation Section) eingerichtet. Erst in den 1930er-Jahren entwickelte sich eine etwas umfangreichere Infrastruktur mit dem Bau der Coast Guard Air Stations in Cape May, New Jersey und in Miami, Florida.

Die ersten eigens für die Coast Guard angeschafften Flugzeuge waren Douglas RD-1 Dolphin-Amphibienflugzeuge für die Seenotrettung, gefolgt von Grumman JF-2-Amphibienflugzeugen. Die grundsätzliche Idee bzw. der Ansatz des Flugzeugeinsatzes wurde als »Flying Lifeboats« bezeichnet, also fliegende Rettungsboote. Mitte der 1930er-Jahre gab es aber immer noch weniger als 20 Piloten in der US-Küstenwache (vgl. »A Brief History of Coast Guard Aviation«, von Captain F.A. Erickson, Allumni Association Bulletin, 2004, S. 418-427). Nach den ersten guten Erfahrungen mit diesen fliegenden Ret-

Ein Amphibienflugzeug des Typs Douglas RD-1 Dolphin. Das waren die ersten speziell für die U.S. Coast Guard angeschafften Flugzeuge, eingesetzt zur Seenotrettung.

tungsbooten beschloss die Coast Guard die Anschaffung weiterer solcher Maschinen, die nun aber vom Hersteller speziell für Rettungseinsätze auf hoher See konstruiert sein sollten. Im Jahr 1931 wurde eine Ausschreibung für ein »Flying Lifeboat (FLB)« veröffentlicht. Von den acht konkurrierenden Firmen erhielt die Fokker Aircraft Corporation of America mit ihrem Entwurf AF-15 (American Fokker Model 15) den Zuschlag. 1932 wurden auf dieser Basis fünf speziell für die Küstenwache entworfene Flugboote beschafft. Acht verschiedene Unternehmen hatten an dem Wettbewerb teilgenommen. Gebaut wurden die Maschinen von der General Aviation Corporation, die übliche Bezeichnung lautete nur »FLBs« für »Flying Lifeboats«, später wurden sie mit den Abkürzungen PJ-1 und PJ-2 geführt. Es handelte sich um zweimotorige Hochdecker-Flugboote mit einer Reichweite von ca. 1000 Seemeilen, ihre Hauptaufgabe war natürlich die Seenotrettung, sie waren aber auch für Überwachungsaufgaben geeignet.

Im Zweiten Weltkrieg, als die Coast Guard der Navy unterstellt war, stieg die Anzahl der mit Coast Guard-Personal bemannten Flugzeuge stark an, der gesamte Airwing der Coast Guard ging aber weitgehend in der Navy auf.

Ab Anfang 1942 wurden auch bereits Versuche mit Hubschraubern durchgeführt (Sikorsky HNS-1 »Hoverfly«), da man in der Küstenwache das Potential dieser noch in den Kinderschuhen steckenden Technik früh erkannt hatte.

Auch nach dem Zweiten Weltkrieg konzentrierte sich die Aufgabenstellung stark auf Such- und Rettungsmissionen (Search and Rescue/SAR), daran hat sich bis in die Gegenwart eigentlich wenig geändert. Der Hubschrauber löste die Flugboote in der Coast Guard langfristig weitgehend ab und übernahm immer mehr die Aufgaben der Seenotrettung, wenn auch nur in küstennahen Gewässern. Nach Kriegsende übernahm die Coast Guard 1948 drei Exemplare des archaischen Doppelrotor-Helikopters Piasecki HRP-1G, der wegen seiner seltsamen Form »Flying Banana« genannt wurde.

Anfang 1950 hatte die U.S. Coast Guard bereits 112 Fluggeräte, im einzelnen 101 Flugzeuge und 11 Hubschrauber, im Bestand: 15 Flugboote des Typs Martin PBM-5G, 55 amphibische Flugzeuge (32 Consolidated PBY-5A Catalina, 19 Grumman JRF-5, 4 Grumman J4F-2), 14 landgestützte Patrouillenflugzeuge (12 Boeing PB-1G (B-17), 2 Consolidated PB4Y-2), 2 kleine, ebenfalls langestützte Stinson OY-2, 15 Transportflugzeuge (4 Douglas R4D5-5 (C-47), 1 R5D-5 (C-54), 2 Curtiss R5C-1 (C-46), 3 Lockheed R5O (Model 18) und 5 Beechcraft JRB-4 (Model 18)), dazu 11 Hubschrauber (2 Bell HTL-1, 1 Sikorsky HO2S-1, 5 Sikorsky HOS3S-1, 3 Piasecki HRP-1G). 11 weitere Fluggeräte waren in Beschaffung, 4 Grumman UF-1, 4 Sikorsky HO3S-1, 2 Sikorsky S-52 und 1 Kaman HK-225.

Zum Vergleich: 1980, also ziemlich genau 30 Jahre später, verzeichnete die Luftkomponente der Coast Guard eine Stärke von 178 Fluggeräten; 116 Hubschrauber und 62 Flugzeuge, darunter einige Derivate der Lockheed C-130 Hercules: 12 HC-130H Langstrecken-Flugzeuge plus 12 HC-130B und 1 EC-130E. Ferner 19 Convair HC-131A, 16 Amphibienflugzeuge Grumman HU-16E, je ein zweistrahliges VIP-Flugzeug Grumman VC-11A Gulfstream II und ein zweimotoriges Turboprop-VIP-Flugzeug Grumman VC-4A Gulfstream I, 37 Hubschrauber Sikorsky HH-3F Pelican und 79 des Typs Sikorsky HH-52A Sea Guard.

Ein Amphibienflugzeug des Typs Grumman JF-2 wird gewassert; es diente ebenfalls zur Seenotrettung.

Nochmals 30 Jahre später, im Jahr 2010, verfügte die Coast Guard über 209 Fluggeräte, nämlich 66 Flugzeuge und 143 Hubschrauber: 34 Langstrecken-Flugzeuge Lockheed HC-130H/J Hercules, 14 zweimotorige Airbus HC-144A Ocean Sentry, 17 zweistrahlige Dassault HU-25A/B/D Guardian (Falcon 20), 1 zweistrahliges VIP-Flugzeug C-37A Gulfstream V, 41 Hubschrauber Sikorsky HH-60J Jayhawk, 94 Eurocopter HH-65C Dolphin und 8 AgustaWestland MH-68A.

Nachstehend einige weitere Anmerkungen zu den in größerer Zahl verwendeten Typen, ohne dass auf jeden verwendeten

Grumman JF-2 Amphibienflugzeug.

1931 wurde eine Ausschreibung für ein »Flying Lifeboat« für die U.S. Küstenwache veröffentlicht, kurz FLB, die Fokker Aircraft Corporation of America gewann diese. Sie baute fünf speziell für die Küstenwache entworfene Flugboote des Typs PJ-1. Flugzeuge erhielten damals individuelle Namen in der USCG, oben die PJ-1 »Acamar« und unten die PJ-1 »Arcturus«, dazwischen die RD-1 »Sirius«, ein Douglas Dolphin Amphibienflugzeug. Sie begleiten den Kutter USCGC »Pandora« (WPC-113), einlaufend in Miami am 6. Dezember 1934.

Flugzeug- und Hubschraubertyp in der Geschichte der Coast Guard eingegangen werden soll, die oftmals nur in sehr geringer Stückzahl beschafft wurden. Viele der Flugzeuge wurden im maritimen Sprachgebrauch der amerikanischen Seestreitkräfte meist als Utilty-Aircraft bezeichnet werden, im Sinne von Nutzfahrzeugen.

Lange war nach dem Zweiten Weltkrieg die Grumman HU-16 Albatross, Werksbezeichnung G-64 (Erstflug 1947), ein relativ großes, zweimotoriges Amphibienflugzeug, bei der US Coast Guard als Such- und Rettungsflugzeug in Verwendung. 30 Maschinen wurden beginnend 1951 ab Werk angekauft. Dazu übergab die U.S. Air Force 1973 insgesamt 55 ihrer außer Dienst gestellten Maschinen an die Coast Guard, die dort teilweise bis 1983 ihren Dienst versahen.

Ab 1976 erhielt die Küstenwache 20 Flugzeuge des Typs Convair C-131A Samaritan aus Beständen der U.S. Air Force, als vorläufigen Ersatz für die HU-16 Albatross, bis die HU-25 Guardian des französischen Flugzeugbauers Dassault in Dienst kamen. Die C-131A Samaritan war eine Transport-Version des Verkehrsflugzeugs Convair 240/340/440, die von 1954 bis 1956 gebaut wurde und bis in die 1980er-Jahre bei der Coast Guard in Dienst war. Ebenfalls Verwendung fand die Fairchild C-123 Provider, von der acht Stück in der Coast Guard dienten.

Ab 1945 wurde für Langstrecken-Such und Rettungsaufgaben ein ganz besonders Flugzeug verwendet, die B-17 Flying Fortress von Boeing, wobei 18 Stück von der Army Air Force 1945 zu günstigen Konditionen wurden, nachdem dort die großen Kriegsbestände nicht mehr gebraucht wurden. Sie wurden in der Coast Guard als PB-1G bezeichnet. Die Flugzeuge waren mit einem Army Air Force-Rettungsboot samt Fallschirm ausgerüstet, das zu Überlebenden im Wasser abgeworfen

Hubschrauber erwiesen sich schnell als besonders geeignete Fluggeräte für die USCG, schon ab Anfang 1942 wurden Versuche mit frühen Hubschraubern durchgeführt. Hier landet ein Sikorsky Helikopter des Typs HNS-1 »Hoverfly« auf dem Kutter WAG-282 »Northwind«, aufgenommen 1947.

werden konnte. Darüber hinaus wurden diese Flugzeuge u.a. auch für die Eisbeobachtung (International Ice Patrol) eingesetzt, ebenfalls eine Aufgabe der Coast Guard. Daneben waren sie mit einer damals sehr fortschrittlichen und teuren Luftbildkamera für Kartierungszwecke ausgerüstet. Die letzte Maschine des Typs wurde 1959 ausgemustert.

Als Ersatz wird bis heute die Lockheed C-130 Hercules als Langstrecken-Flugzeug für Such- und Rettungsaufgaben verwendet, ein weltweit intensiv genutztes militärisches Transportflugzeug mit vier Turboprop-Triebwerken, das seit 1956 in Serienproduktion läuft. Die Coast Guard verwendet sie seit den 1950er-Jahren und noch heute, aktuell in den Version C-130H (Erstflug 1964) und C-130J (Erstflug 1996). Die robuste C-130 Hercules hat eine besonders große Reichweite, ist

Ab 1948 wurde der HRB-1G Doppelrotor-Helikopter des US-Herstellers Piasecki Helicopter Corp. in der USCG verwendet, der wegen seiner seltsamen Form auch »Flying Banana« genannt wurde. Aufnahme 1950.

grundsätzlich luftbetankbar und für die Coast Guard mit aus der Luft abwerfbarer See-Rettungsausrüstung ausgestattet. Natürlich kann die Hercules auch für Transport-, Logistik,- und See-Überwachungsaufgaben verwendet werden.
Ein weltweit sehr seltenes Modell in der riesigen Hercules-Familie ist die C-130E, sie wurde von der Coast Guard zur Kalibrierung der LORAN Stationen verwendet, ein Funknavigationssystem, das von den 1950er- bis 1990er-Jahren zur Navigation in der See- und der Luftfahrt verwendet wurde.
Als mittelgroßes SAR-Flugzeug und Mehrzwecktransporter mit Kurzstart-Eigenschaften (STOL) wird seit 2008 die C-27J Spartan von Alenia Aeronautica verwendet, dazu die ebenfalls zweimotorige Turboprop-Maschine des Typs Airbus/EADS HC-144A Ocean Sentry als »Medium Range Surveillance Aircraft«. Vorgänger-Modell in der Coast Guard war vor allem die HU-25 (A, C und D) Guardian von Dassault, die zwischen 1982 und 2014 im Einsatz war.
Je eine C-37A und C-37B Gulfstream V ist heute für den Personen- und VIP-Transport vorhanden, die einzigen beiden Düsenjets der Coast Guard, die 1998 und 2017 beschafft wurden. Vorgängermodelle waren hier je eine VC-11A Gulfstream II aus 1969 und eine VC-4A Gulfstream I, die im Jahr 1963 angekauft wurde.
Hubschrauber spielten eine immer wichtigere Rolle bei den SAR-Aufgaben der U.S. Coast Guard. Der Amphibienhubschrauber HH-52 Seaguard (Werksbezeichnung S-62) wurde ursprünglich von Sikorsky für private Nutzer entwickelt (Erstflug 1958). Er wurde für den Einsatz durch die Küstenwache als Seenotrettungshubschrauber adaptiert, 99 Stück davon kamen ab 1961 in Dienst. Als nachteilig erwies sich das Vorhandensein nur eines Motors (Turbinentriebwerk mit drei Rotorblättern). Der HH-52 Seaguard wurde bis 1993 verwendet und durch den nicht amphibischen Typ MH-65 Dolphin von Aérospatiale/Eurocopter ersetzt.
Fast zum Symbol für den erfolgreichen Mehrzweck-Hubschrauber der U.S. Navy wurde der Sikorsky SH-3 Sea King (die Werksbezeichnung lautete S-61), eine bahnbrechende Entwicklung im Helikopterbau aus den späten 1950er-Jahren, mit zwei Turbowellen-Motoren. Für die Coast Guard wurde darauf aufbauend eine eigene Version entwickelt, der robuste HH-3F Pelican, die Coast Guard kaufte 40 Stück. Die Maschi-

Ein USCG-Flugboot des Typs PBM 5G-Mariner, gebaut von der Glenn L. Martin Company, hebt vom Wasser ab; aufgenommen Ende der 1940er-Jahre.

Ab 1945 wurde in der USCG für Langstrecken-Such und Rettungsaufgaben die B-17 Flying Fortress von Boeing eingesetzt und als PB-1G bezeichnet. Man beachte das große, per Fallschirm abwerfbare Rettungsboot unter dem Rumpf.

Ab Ende der 1950er wurden für Langstrecken-Such und Rettungsaufgaben bereits die C-130 Hercules verwendet, in der USCG als HC-130 bezeichnet. Hier eine frühes Modell des Typs HC-130B der USCG, aufgenommen 1959.

nen waren von den späten 1960er-Jahren bis zur Jahrtausendwende das zuverlässige Arbeitspferd der U.S. Küstenwache. Sie wurden durch 42 Maschinen des Typs MH-60J Jayhawk von Eurocopter (Airbus Helicopters) abgelöst, die ursprüngliche Bezeichnung lautete HH-60J (ab 2007 wurde die für die Küstenwache maßgeschneiderte Version MH-60T gebaut und die früher übernommenen Modelle entsprechend nachgerüstet).

Im Jahr 2000 leaste die Coast Guard 8 MH-68A Stingray/ Agusta A109E von der U.S. Air Force, die Kurzstrecken-Hubschrauber sollten vor allem zur Drogenbekämpfung verwendet werden. Sie wurden aber bereits in den 2010er-Jahren durch das Modell MH-65 ersetzt.

Die Flugzeuge und Hubschrauber operieren heute von 24 Flugstationen der U.S. Coast Guard in den Vereinigten Staaten, inklusive Alaska, Hawaii und Puerto Rico. Einige davon werden exklusiv von der Küstenwache betrieben, die meisten sind jedoch in anderen militärischen Flugeinrichtungen integriert, wie Naval Air Stations oder Stützpunkten der National Guard und Army.

Ein HU-16E Albatross Amphibienflugzeug des US-Herstellers Grumman kam ab Ende der 1940er-Jahre zum Einsatz, vor allem zur Seenotrettung. Hier aufgenommen bei der USCG Air Station Cape Cod, Mass. in den 1970ern.

Ein zweimotoriger HH-3F Pelican von der Coast Guard Air Station San Francisco, eine weiterentwickelte Version des legendären S-61/SH-3 Sea King.

HH-52A Seaguard-Hubschrauber mit Rettungskorb, aufgenommen in den 1960er-Jahren. Der einmotorige Amphibienhubschrauber von Sikorsky wurde bei der Coast Guard vor allem für SAR-Aufgaben eingesetzt.

Auflistung der Coast Guard Air Stations:

1. Distrikt
- CGAS Cape Cod, Massachusetts
- CGAS Atlantic City (New Jersey), beim Atlantic City International Airport in Pomona (New Jersey)
- CGAS Elizabeth City, North Carolina (mit Trainingszentrum)

7. Distrikt
- CGAS Clearwater, Florida
- CGAS Miami, Florida
- CGAS Savannah, Georgia
- CGAS Borinquen bei Aguadilla, Puerto Rico (Ramey Air Force Base)

8. Distrikt
- CGAS Houston, Texas
- CGAS Corpus Christi, Texas
- CGAS New Orleans, Louisiana
- Coast Guard Aviation Training Center, Mobile, Alabama

9. Distrikt
- CGAS Detroit, Michigan
- CGAS Traverse City, Michigan

11. Distrikt
- CGAS Humboldt Bay (McKinleyville), California
- CGAS Sacramento, California
- CGAS San Francisco, California
- CGAS Los Angeles, California
- CGAS San Diego, California

13. Distrikt
- CGAS Astoria, Oregon
- CGAS North Bend, Oregon
- CGAS Port Angeles, Washington

14. Distrikt
- CGAS Barbers Point, Hawaii

17. Distrikt
- CGAS Kodiak, Alaska, beim Integrated Support Command Kodiak
- CGAS Sitka, Alaska

5.2. Flugzeug- und Hubschrauber-Typen der Coast Guard heute

Gegenwärtig unterhält die U.S. Küstenwache knapp über 200 Fluggeräte, konkret ca. 60 Flugzeuge und 140 Hubschrauber (offizielle Gesamtzahlen 2021/22 schwanken zwischen 201 und 210 Stück). Es werden in der USCG gegenwärtig nur folgende sechs Grundtypen verwendet (Stand 2022):

1. C-37A und C-37B Gulfstream V von Gulfstream Aerospace (zweistrahliger Düsenjet zum Personen- und VIP-Transport; insgesamt 2 Stück)
2. HC-27J Spartan von Alenia Aeronautica (Turboprop Mehrzwecktransporter für SAR-Aufgaben; insgesamt 14 Stück)
3. HC-130H bzw. HC-130J Hercules von Lockheed Martin (Turboprop- Mehrzwecktransporter für SAR-Aufgaben; insgesamt 28 Stück, davon 18 Modell HC-130H und 10 HC-130J)
4. HC-144A bzw. HC-144B Ocean Sentry von Airbus (Turboprop-Flugzeug für SAR-Aufgaben; insgesamt 18 Stück)
5. MH-60J bzw. MH-60T Jayhawk von Sikorsky (Hubschrauber für Medium Range Recovery/MRR; insgesamt 45 Stück)
6. MH-65D bzw. MH-65E Dolphin von Eurocopter (Hubschrauber für Short Range Recovery/SRR; insgesamt 102 Stück)

C-37A Gulfstream V von Gulfstream Aerospace, ein zweistrahliger Düsenjet zum VIP-Personentransport. Die USCG verfügt über zwei solcher Flugzeuge.

Ein C-27J Spartan »Medium Range Surveillance«-Flugzeug auf der Landebahn des Coast Guard Aviation Logistics Center in Elizabeth City, N.C., aufgenommen März 2016. Insgesamt 14 Stück wurden beschafft.

Nachstehend ein paar zusätzliche Anmerkungen zu den einzelnen Grundtypen:
Zu 1.: Die Küstenwache unterhält derzeit zwei C-37 basierend auf der Gulfstream V (»G-five«), die 1995 ihren Erstflug hatte. Es handelt sich um ein Geschäftsreiseflugzeug mit großer Reichweite, das vom Vorgängermodell Gulfstream IV abgeleitet wurde. Vorhanden sind je eine Maschine vom Typ C-37A und eine C-37B. Beide werden weltweit vorwiegend für VIP-Transporte der USCG und des Department of Homeland Security eingesetzt, sie sind in Washington, D.C. stationiert (am Ronald Reagan Washington National Airport). Im Oktober 2020 bestellte die US-Küstenwache bei Gulfstream Aerospace in Savannah ein neues C-37B-Langstrecken-Führungs- und Kontrollflugzeug (»Long range command and control aircraft«), das nach Auslieferung die schon betagte C-37A aus 1998 ersetzen soll.
Zu 2.: Die italienische C-27J Spartan von Alenia Aeronautica (bzw. in USA vom italienisch-amerikanischen Joint-Venture Global Military Aircraft Systems), ausgestattet mit zwei Turboprop-Triebwerken, hatte 1999 ihren Erstflug und ist seit 2000 in Serienproduktion: Knapp 100 Maschinen wurden bisher gefertigt. Die USCG-Bezeichnung lautet HJ-27C. Der Mehrzwecktransporter verfügt u.a. über gute Kurzstart-Eigenschaften. Die Küstenwache erhielt ihre 14 Flugzeuge aus Beständen der U.S. Air Force, die ab 2007 insgesamt 21 Stück beschafft hatte, aber alle bald wieder aussonderte. Sie sind in der USCG seit November 2014 im Einsatz, vorwiegend für Such- und Rettungseinsätze sowie Seepatrouillen. Die Maschinen werden aber auch in der USCG langsam ausgemustert, es sind offenbar nur noch ca. 8 bis 10 aktiv.

Zu 3.: Die Entwicklung der scheinbar unverwüstlichen Lockheed C-130 Hercules begann schon zur Zeit des Koreakrieges in Form einer Ausschreibung der USAF für ein mittelschweres Transportflugzeug, die Lockheed gewann. Die Hercules mit ihren vier Turboprop-Triebwerken hatte ihren Erstflug 1954. Sie ist seit 1956 in Serienproduktion und damit eines der am längsten gebauten Flugzeuge der Welt, über 2500 Maschinen wurden gefertigt. Der Typ hat sich als fast perfekt für die Mission der Küstenwache erwiesen und ist vorwiegend in Verwendung für Such- und Rettungseinsätze sowie Seepatrouillen, kann aber auch für Transportaufgaben herangezogen werden, nach Upgrades ebenso für Command-and-Control-Aufgaben. Die ersten an die Küstenwache gelieferten Hercules-Flugzeuge waren Ende der 1950er-Jahre Maschinen des Typs C-130B. In den späten 1960ern und frühen 1970ern begann die Küstenwache mit der Beschaffung der HC-130H. Die Coast Guard unterhält derzeit 18 Maschinen des Typs HC-130H und 10 des modernisierten Typs HC-130J, der seit 2004 im Einsatz ist; bis 2027 sollen alle 28 Maschinen auf HC-130J-Standard aufgewertet werden.

Zu 4.: Die HC-144A bzw. HC-144B Ocean Sentry ist ein Flugzeug mittlerer Reichweite mit zwei Turboprop-Triebwerken (Medium Range Surveillance Aircraft), in Verwendung für Such- und Rettungseinsätze sowie Seepatrouillen. Der Typ ersetzte in der Coast Guard den Typ Dassault HU-25 Guardian. Der Entwurf basiert auf der CN-235 von Airbus und wurde ursprünglich in den 1980ern von den Herstellern CASA in Spanien und IPTN in Indonesien entwickelt. Hersteller war die European Aeronautic Defence and Space Company (EADS), die

Ein C-27J Spartan, ein »Medium Range Surveillance«-Flugzeug auf der Coast Guard Air Station in Sacramento, Ca., aufgenommen 2021.

HC-130J Hercules »Long Range Surveillance«-Flugzeug des Coast Guard Aviation Logistics Center in Elizabeth City, N.C. Der Typ ist seit den 1950er-Jahren in der Coast Guard in Verwendung, insgesamt 28 Stück sind gegenwärtig vorhanden. (Foto: Lockheed Martin).

HC-130J Hercules von der Coast Guard Air Station in Kodiak, Alaska, 2012 fotografiert von USCGC »Bertholf« (WMSL-750) aus.

im Konzern Airbus Military aufging. Die ersten Maschinen wurden 2006 für die USCG ausgeliefert, insgesamt 18 Stück (geplant waren ursprünglich sogar 36). Die gesamte USCG-Flotte wird derzeit auf das deutlich leistungsfähigere Missionssystem Minotaur umgerüstet. Nach Abschluss der Umbauten werden die Maschinen als HC-144B geführt – 2020 bereits neun Flugzeuge, die restlichen sollen bis 2024 folgen.

Zu 5.: Die Sikorsky MH-60J Jayhawk ist ein zweimotoriger Mehrzweck-Mittelstreckenhubschrauber, basierend auf dem Typ SH-60B Seahawk von Sikorsky, der in der USCG in den 1990ern den bekannten HH-3F Pelican ersetzte, die Coast Guard-Version des legendären Sea King-Hubschraubers. Der Erstflug einer MH-60J Jayhawk fand 1989 statt, 1990 wurde die erste Maschine an die USCG ausgeliefert. Sikorsky produzierte bis 1996 insgesamt 42 Stück exklusiv für die USCG. Diese übernahm aber noch drei weitere SH-60F Seahawk von der Navy und ließ diese auf MH-60T Jayhawk-Standard umrüsten. Der Einsatz ist sowohl von Land aus als auch an Bord von Schiffen möglich. Derzeit läuft ein Service Life Extension Program (SLEP) für die gesamte Flotte der 45 MH-60T Jayhawk, das u.a. auch die Beschaffung neuer Rümpfe beinhaltet.

Zu 6.: Die Hubschrauber des Typs MH-65 Dolphin machen heute fast die Hälfte des gesamten Bestands an fliegendem Gerät der USCG aus. Der zweimotorige Eurocopter MH-65 Dolphin ist eine Variante des in Frankreich gebauten Eurocopter AS365 Dauphin (Airbus Helicopters), die US-Fertigung erfolgte in Grand Prairie, Texas in Lizenz. Die Coast Guard wählte den Typ bereits 1979 zum Ersatz des HH-52A Sea Guard aus; Erstflug (HH-65) war 1980, das erste MH-65-Modell kam 1985 zum Einsatz (HH-65C). Der MH-65 ist in erster Linie für Short Range Recovery-Einsätze (SRR) vorgesehen und wird normalerweise von Land aus eingesetzt, verteilt auf 17 verschiedenen Air Stations der USCG, kann aber auch auf deren Kuttern (inklusive Eisbrechern) stationiert werden. Er wird seit

HC-144 Ocean Sentry, eine zweimotorige Turboprop-Maschine mittlerer Reichweite von Airbus Military für SAR-Aufgaben, aufgenommen 2007. Insgesamt 18 Stück wurden von der USCG beschafft.

2011 in der Version MH-65D verwendet, verbunden mit verschiedenen Upgrades und Modernisierungen folgt seit 2017 die weiter verbesserte Variante MH-65E.
Soweit ein kurzer Überblick. Gelegentlich werden beide Hubschrauber-Typen der USCG auch an Bord von Flugzeugträgern der Navy verwendet (meist im Zuge von SAR-Aufgaben). Die Küstenwache entwickelt derzeit auch ein Programm für unbemannte Luftfahrzeuge (UAV) auf Basis der MQ-9 Reaper-Drohnen (deutsch »Mäher« bzw. »Sensenmann«) von General Atomics Aeronautical Systems in San Diego, Ca., basierend auf der MQ-1 Predator, die für Such- und Rettungseinsätze, aber auch Kampfeinsätze zur Territorialverteidigung genutzt werden sollen. Am 20.März 2020 fand der Erstflug der MQ-9B statt. Die Küstenwache evaluiert zurzeit mit der Navy sowie dem US-Zoll- und Grenzschutz die Anforderungen und Fähigkeiten von unbemannten Flugsystemen innerhalb der jeweiligen Organisationen, um Synergieeffekte bei Beschaffung und Einsatz optimal nutzen zu können.

Eine HC-144 Ocean Sentry über dem Kutter »Bertholf« (WMSL-750), bei Probefahrten vor Mobile Bay, Alaska, 2008.

Coast Guard-Hubschrauber können natürlich auch an Bord von Flugzeugträgern verwendet werden. Hier wird der Start eines Dolphin-Hubschraubers der USCG im Persischen Golf 2003 an Bord des Flugzeugträgers USS »Constellation« (CV-64) vorbereitet, Unterlegkeile und Zurrketten werden entfernt.

Ein Sikorsky MH-60 Jayhawk-Hubschrauber der USCG-Air Station Kodiak schwebt über USCGC »Bertholf« (WMSL-750) während des Manövers Arctic Shield 2012. Er ist für MRR-Aufgaben vorgesehen, insgesamt 45 Stück wurden beschafft.

Ein MH-60J Jayhawk der Coast Guard Air Station in Astoria, Oregon, aufgenommen 2002.

Zwei Dolphin Helikopter der Coast Guard Air Station Miami in einer Aufnahme aus 2006. Vom Modell Eurocopter MH-65 Dolphin beschaffte die USCG insgesamt 102 Maschinen, die heute etwa die Hälfte aller Fluggeräte der U.S. Küstenwache ausmachen.

Landeanflug eines MH-65 Dolphin auf USCGC »Bertholf« (WMSL-750) 2012.

Die Flugdeck-Crew sichern den soeben gelandeten MH-65 Dolphin Hubschrauber der Coast Guard Air Station Los Angeles an Bord der USCGC »Bertholf« (WMSL-750), aufgenommen vor Alaska 2012.

Anhang

Abkürzungen

Nachstehend werden Klassifikationen und andere Navy- bzw. Coast Guard- Abkürzungen vorwiegend in Form grundsätzlicher deutscher und englischer Bedeutung erläutert (die amtliche Bezeichnung und die Bedeutung bzw. Herkunft sind dabei nicht immer gleich). Zahlreiche Buchstaben werden auch in doppelter Bedeutung verwendet und auch die amtliche Erklärung der Abkürzungen unterliegt oftmals Änderungen im Detail in Dokumenten der Navy. Seltene Abkürzungen, die direkt im Fließtext erklärt werden, sind hier nicht immer wiederholt. Die U.S. Navy liebt Abkürzungen, die in der Regel alle auch im DICNAVAB (*Dictionary of Naval Abbreviatios*) zu finden sind, der in zahlreichen Ausgaben erschienen ist (*Naval Institue Press, Annapolis, Maryland*).

AA	Flugabwehrkanone / Anti-Aircraft Gun
AG	Auxiliary Ship / General / Hilfsschiff genereller Art
AGEH	Auxillary General Experimantal, Hydrofoil / Versuchs-U-Boot-Jäger vom Tragflügel-Typ
AGS	Auxiliary Ship / General / Survey / Vermessungsschiff (Forschungsschiff)
AM	Auxiliary Ship / Mine Sweeper / Minensucher
AMc	Auxiliary Ship / Mine Sweeper / Coast / Küsten-Minensucher
AMS	Auxiliary Motor Minesweeper / Motor-Minensucher
AO	Auxiliary Ship / Oiler / Flottentanker
AP	Auxiliary Ship / Transport
ARS	Auxiliary Ship / Rescue and Salvage / Rettungs- und Bergungsschiff
ASPB	River Assault Support Patrol Boat / Fluss-Angriffsunterstützungs-Patrouillenboot
ASR	Auxiliary Ship / Submarine / Rescue and Salvage / U-Boot-Bergungsschiff
ASW	Anti-Submarine Warfare / U-Abwehr
AT	Auxiliary Ship, Tug / Schlepper
BB	Battleship / Schlachtschiff
BB	Boat Building / Bootswerft
BPT	British Motor Torpedo Boat / Torpedoschnellboot, gebaut für Großbritannien
CA	Cruiser Armoured / Schwerer Kreuzer
CB	Cruiser Big / Großer Kreuzer (Schlachtkreuzer)
CC(P)B	Coastal Command (Patrol) Boat / Küsten-Kommando (Patrouillen-)Boot
CCB	Command and Control Boat / Kommando- und Kontrollboot
CG	Coast Guard / Küstenwache
CG	Coast Guard Cutter / Küstenwacht Kutter
CGC	Coast Guard Cutter, Patrol Boat / Küstenwacht Kutter, Patrouillenboot
CGE	Coast Guard Cutter, Eagle-Class Patrol Vessel / Küstenwacht Kutter, Eagle-Klasse Patrouillen Fahrzeug
CG(DD)	Coast Guard Cutter, Destroyer / Küstenwacht Kutter, Zerstörer
CNO	Chief of Naval OperationsD
CV	Carrier Vessel / Flugzeugträger (ursprünglich aber abgeleitet von: Cruiser / Aviation)
DANFS	Dictionary of American Naval Fighting Ships
DD	Destroyer / Flottenzerstörer
DD	Dry Dock / Trockendock
DE	Destroyer / Escort / Geleitzerstörer
DEG	Destroyer / Escort Guided Missile / Lenkwaffen-Geleitzerstörer
FF	Frigate / Fregatte
DDG	Destroyer / Guided Missile / Lenkwaffenzerstörer
FFG	Frigate / Guided Missile / Lenkwaffen-Fregatte
FY	Fiscal Year (als US-Haushaltsjahr; immer 1. Oktober bis 30. September)
HMS	His Majesty's Ship (britisch)
HMAS	His Majesty's Australian Ship
HMCS	His Majesty's Canadian Ship
IX	»Unclassified–miscellaneous« / Spezialschiffe ohne genaue Zuordnung
LCI(L)	Landing Ship Infantry, Large / Infantie-Landungsschiff, groß
LST	Landing Ship, Tank / Panzerlandungsschiff
LV	Coast Guard Cutter, Light Vessel / Küstenwacht Kutter, Feuerschiff
MAP	Military Assistance Program
MARAD	Maritime Administration
MC	Maritime Commission
MDAP	Military Defense Assistance Program
MG	Maschinengewehr
MSC	Military Sealift Comand
MV	Motor Vessel (Motorschiff)
NDRF	National Defense Reserve Fleet
NRF	Naval Reserve Force
NSF	National Science Foundation
NTS	Naval Transportation Service

NVR	Naval Vessel Register (Schiffsregister der U.S. Navy)
PACV	Patrol Air Cussion Vehicle/ Patrouillen-Luftkissenfahrzeug
PB	All-Weather Patrol Boat / Allwetter-Patrouillenboot
PBC	Patrol Boat, Coastal / Patrouillen-Küsten-Fahrzeug
PBR	Patrol Boat River / Fluss-Patrouillenboot
PC	Patrol Boat / Craft, Coastal / Küsten-Patrouillenboot
PC	Patrol Craft / Patrouillenfahrzeug
PC	Submarine Chaser, Steel / U-Boot-Jäger mit Stahlrumpf
PCE	Patrol Craft Escort / Patrouillenfahrzeug für Geleitaufgaben
PCE	Patrol Craft Escort / U-Boot-Jäger, Geleitertyp
PCE(R)	Patrol Craft Escort (Rescue) / U-Boot-Jäger, Geleitertyp (Rettung)
PCF	Patrol Craft Fast / Schnelle Patrouillen-Fahrzeuge
PCH	Patrol Craft Hydrofoil / Patrouillenfahrzeug vom Tragflügel-Typ (für U-Jagd)
PCS	Patrol Craft Sweeper / U-Boot-Jäger, Minensuchertyp
PE	Eagle Class Patrol Vessel / Patrouillen-Fahrzeug Typ Eagle
PE	Coast Guard Cutter, Eagle Class Patrol Vessel / Küstenwacht Kutter, Eagle-Klasse Patrouillen-Fahrzeug
PF	Patrol Frigate / Patrouillen-Fregatte
PG	Patrol Gun Boat / Kanonenboot
PGH	Patrol Gun Boat, Hydrofoil / Tragflügel-Kanonenboot
PGM	Motor Gun Boat / Motor-Kanonenboot
PHM	Patrol Combatant (Boat) Missile, Hydrofoil / Lenkwaffen-Tragflügelboot
PR	Patrol River (Gun Boat) / Fluss-Kanonenboot
PS	Pferdestärken
PT	Torpedoschnellboot / Motor Torpedo Boat
PTC	Motor Boat Submarine Chaser / U-Boot-Jäger, Schnellboottyp
PTF	Fast Patrol (Torpedo) (Craft) / Schnelles Torpedo-Patrouillenboot
PY	Patrol Yacht / Patrouillen-Yacht
PYc	Patrol Yacht, Coastal / Küsten-Patrouillen-Yacht
RPC	River Patrol Craft / Fluss-Patrouillen-Fahrzeug
RPT	Russia - Motor Torpedo Boat / Torpedoschnellboot, gebaut für Russland
SAM	Surface to Air Missile / Boden-Luft Rakete
SAR	Search and Rescue
SB	Shipbuilding
SC	Submarine Chaser (Wood) / U-Boot-Jäger (mit Holzrumpf)
SECNAV	Secretary of the Navy (U.S. Marineminister)
SECNAVINST	Instruction of the Secretary of the Navy (Marineinister-Verordnung)
SS	Submarine / (Flotten-)U-Boot
SS	Steam Ship (Dampfschiff)
SSC	Small Surface Combatants / Kleine Kampfschiffe
SSM	Surface to Surface Missile / Boden-Boden Rakete
TR	Torpedo Retriever / Torpedo-Fangboot
ts	Tonnen / Tons (Long tons zu 1016 Kilogramm)
USC&GS	U.S. Coast and Geodetic Survey
USCG	U.S. Coast Guard
USCGC	U.S. Coast Guard Cutter (Präfix für USCG-Schiffe)
USMC	U.S. Marine Corps
USN	U.S. Navy
USNS	U.S. Naval Ship (Präfix für MSTS / MSC-Schiffe)
USS	U.S. Ship (Schiff im Dienst der Navy)
USSB	U.S. Shipping Board
Wabo	Wasserbomben
W*AT	Coast Guard Cutter, Auxillary, Tug / Küstenwacht Kutter, Hilfsschiff, Schlepper
WATA	Coast Guard Cutter, Auxillary, Tug, Auxillary / Küstenwacht Kutter, Hilfsschiff, Hilfs-Schlepper
WATF	Coast Guard Cutter, Auxillary, Tug, Fleet / Küstenwacht Kutter, Hilfsschiff, Flotten-Schlepper
WAG	Coast Guard Cutter, Auxillary, General / Küstenwacht Kutter, allgemeines Hilfsschiff
WAGC	Coast Guard Cutter, Auxillary, General, Amphibous Fleet Flag / Command Ship / Küstenwacht Kutter, allgemeines Hilfsschiff, amphibisches Flaggschiff
WAGB	Coast Guard Cutter, Auxillary, General, (Ice) Breaker / Küstenwacht Kutter, allgemeines Hilfsschiff, Eisbrecher
WAGL	Coast Guard Cutter, Auxillary, General, Lighthouse Tender / Küstenwacht Kutter, allgemeines Hilfsschiff, Leuchtturm-Tender
WAGO	Coast Guard Cutter, Auxillary, General, Oceanographic Vessel / Küstenwacht Kutter, allgemeines Hilfsschiff, Vermessungsschiff
WAGW	Coast Guard Cutter, Auxillary, General, Weather Survey Ship / Küstenwacht Kutter, allgemeines Hilfsschiff, Wetterbeobachtungsschiff
WAK	Coast Guard Cutter, Auxillary, Cargo / Küstenwacht Kutter, Hilfsschiff, Frachter
WAL	Coast Guard Cutter, Auxillary, Lightship / Küstenwacht Kutter, Hilfsschiff, Feuerschiff
WAO	Coast Guard Cutter, Auxillary, Oiler / Küstenwacht Kutter, Hilfsschiff, Tanker
WARC	Coast Guard Cutter, Auxillary, Repair, Cable / Küstenwacht Kutter, Hilfsschiff, Kabel-Reperatur-Schiff
WDE	Coast Guard Cutter, Destroyer Escort / Küstenwacht Kutter Geleit-Zerstörer
WHEC	Coast Guard High Endurance Cutter / Küstenwacht Kutter hoher Ausdauer
WIX	Coast Guard Cutter, Unclassified, Miscellaneous/ Küstenwacht Kutter, unklassifitzert
WLB	Coast Guard Cutter, seagoing Buoy Tender / Küstenwacht Kutter, seegehender Bojen Tender
WLBB	Coast Guard Cutter, (ice-)breaking seagoing Buoy Tender / Küstenwacht Kutter, eisbrechender seegehender Bojen Tender
WLI	Coast Guard Cutter, Buoy Tender, Inland / Küs-

	tenwacht Kutter, Binnen-Bojen-Tender
WLIC	Coast Guard Cutter, Inland Construction Tender / Küstenwacht Kutter, Binnen-Bau-Tender
WLM	Coast Guard Cutter, Buoy Tender, Medium / Küstenwacht Kutter, mittelgroßer Bojen-Tender
WLR	Coast Guard Cutter, Buoy Tender, River / Küstenwacht Kutter, Fluss-Bojen-Tender
WLV	Coast Guard Cutter, Light Vessel / Küstenwacht Kutter, Feuerschiff
WMEC	Coast Guard Medium Endurance Cutter / Küstenwacht Kutter mittlerer Ausdauer
WMEH	Coast Guard Medium Endurance Hydrofoil Cutter/ Küstenwacht Tragflügel-Kutter mittlerer Ausdauer
WMSL	Coast Guard Maritime Security Cutter, Large / Maritime Sicherheits Küstenwacht Kutter, groß
WMSM	Coast Guard Maritime Security Cutter, Medium / Maritime Sicherheits Küstenwacht Kutter, mittelgroß
WOLE	Coast Guard Cutter, Offshore Law Enforcement Vessel / Küstenwacht Kutter, Offshore Gesetzesdurchsetzungs-Fahrzeug
WPB	Coast Guard Cutter, Patrol Boat/ Küstenwacht Kutter, Patrouillenboot
WPBH	Coast Guard Cutter, Patrol Boat, Hydrofoil / Küstenwacht Kutter, Tragflügel-Patrouillenboot
WPC	Coast Guard Cutter, Patrol Craft / Küstenwacht Kutter, Patrouillenfahrzeug
WPG	Coast Guard Cutter, Gun Boat / Küstenwacht Kutter, Kanonenboot
WPR	Coast Guard Cutter, River-Gunboat/Küstenwacht Kutter, Fluss-Kanonenboot
WPSC	Polar Security Coast Guard Cutter/ Polarer Sicherheits Küstenwacht Kutter
WSC	Coast Guard Cutter, Submarine Chaser / Küstenwacht Kutter, U-Boot-Jäger
WSES	Coast Guard Cutter, Surface Effects Ship / Küstenwacht Kutter, Oberflächen-Effekt-Schiff
WTGB	Coast Guard Cutter, Tug, General, (Ice) Breaker / Küstenwacht Kutter, eisbrechender Schlepper
WTR	Coast Guard Cutter, Training / Küstenwacht Kutter, Schulschiff
WYP	Coast Guard Cutter, Patrol Yacht / Küstenwacht Kutter, Patrouillen-Yacht
WYPc	Coast Guard Cutter, Patrol Yacht, coastal / Küstenwacht Kutter, Küsten Patrouillen-Yacht
WYT	Coast Guard Cutter, Harbour Tug / Küstenwacht Kutter, Hafen-Schlepper
WYTL	Coast Guard Cutter, Harbour Tug, Large / Küstenwacht Kutter, großer Hafen-Schlepper
WYTM	Coast Guard Cutter, Harbour Tug, Medium / Küstenwacht Kutter, mittelgroßer Hafen-Schlepper
YMS	Auxiliary Motor Mine Sweeper / Motorgetriebene Hilfsminensucher
YN	Coast Guard Cutter, Patrol Boat / Küstenwacht Kutter, Patrouillenboot
YP	Yard / Patrol Craft / Hafen-Patrouillenfahrzeug
YT	Yard Harbor Tug / Hafenschlepper

*Präfix »W« bei allen Schiffen der U.S. Coast Guard seit den 1930er Jahren (Herkunft nicht gesichert, eventuell für »Watch«).

USCGC »Sherman« (WHEC-720) in der USCG-Basis in Kodiak, Alaska im Oktober 2012.

Bildquellennachweis

Alle hier verwendeten Fotos und Illustrationen stammen, sofern nicht ausdrücklich anders angegeben, aus für die Öffentlichkeit freigegebenen Beständen der U.S. Coast Guard oder U.S. Navy und sind als Werke der Regierung der Vereinigten Staaten gemeinfrei.

Als Werke der Regierung der Vereinigten Staaten von Amerika gelten u.a. Fotografien, die von einem Beamten oder Angestellten der Regierung »als Teil der offiziellen Pflichten dieser Person« hergestellt wurden (»*a work prepared by an officer or employee … as part of that person's official duties*«). Dies trifft auf den Großteil der hier veröffentlichten Fotografien zu. Im Allgemeinen sind gemäß Artikel 105 des Urheberrechtsgesetzes solche Werke nach US-amerikanischem Recht nicht urheberrechtlich geschützt und daher gemeinfrei. Sie bedürfen aufgrund dieser Gesetzeslage auch keiner gesonderten Freigabe durch eine Regierungsinstitution.

Mehrere Fotos stammen auch von Wikipedia Commons (bei Privatpersonen unter zusätzlicher Angabe des Fotografen, soweit möglich), in einigen Einzelfällen aus anderen Quellen, die dann jeweils direkt am Bild angeführt werden.

USCGC »Bertholf« (WMSL-750), der 2006 als erster der modernen Kutter der Legend-Klasse vom Stapel lief, benannt nach Commodore Ellsworth P. Bertholf (1866–1921), ehemaliger Kommandant des Revenue Cutter Service und ab 1915 der »modernen« Coast Guard. Gebaut bei Ingalls Shipyard in Pascagoula, Miss., ging das Schiff 2008 in Dienst. Das Foto entstand nach Probefahrten in Mobile Bay, Alabama 2008.

Literaturverzeichnis (Auswahl)

Neben gedruckten Quellen soll hier auch auf einige hervorragende Internet-Seiten hingewiesen werden, die für die Erstellung dieses Buches sehr hilfreiche Quellen waren:

Coast Guard: *https://www.history.uscg.mil/*
Forum Marinearchiv: *https://forum-marinearchiv.de*
Lighthouse Research Catalog (Clifford): *https://archives.uslhs.org/*
Lightshipsailors: *http://www.uscglightshipsailors.org/*
Naval History and Heritage Command (U.S. Navy): *https://www.history.navy.mil*
NavSource Naval History. Photographic History of the U.S. Navy: *https://www.navsource.org*
Navypedia: *https://www.navypedia.org/ships*
Shipbuilding History. Construction records of U.S. and Canadian shipbuilders and boatbuilders: *http://www.shipbuildinghistory.com*

Periodisch erscheinende Flottenhandbücher:

Alamanacco Navale, Institut Idrografico della Marina, Genua
Combat Fleets of the World, Naval Institute Press, Annapolis
Flottes de Combat, Editions d'Outre-Mer, Paris
Jane's Fighting Ships, Jane's Publishing Company, London
Weyers Flottentaschenbuch/Weyers Warships of the World, Bernard & Graefe Koblenz (davor J.F. Lehmanns München)

Bücher und Studien:

Bloomfield, Howard: The Compact History of the United States Coast Guard. New York 1966.
Boniface, Patrick: U.S. Navy Warships & Auxiliaries. Including Coast Guard. Annapolis, diverse Jahrgänge.
Bruns, Sebastian: US Naval Strategy and National Security: The Evolution of American Maritime Power. London-New York 2019.
Cain, Nolan V.: Mobilizing the Coast Guard for War: An Analysis of the U.S. Coast Guard's Wartime Preparations from 1918-1941. Fort Leavenworth, Kansas 2020.
Cagle, Malcolm W./Manson, Frank A.: Sea War in Korea. Annapolis 1957.
Canney, Donald L: Rum War: The U.S. Coast Guard and Prohibition. Washington, D.C. 1990.
Campbell, John: Naval Weapons of World War Two. London 1985.
Conway's All the World's Fighting Ships, Vo. I-IV. London 1979-1983.
Cowin, Hugh W.: Conway's Directory of Modern Naval Power 1986. London 1985.
Dictionary of American Naval Fighting Ships, Vol. I-VIII. Washington ab 1959 (Herausgeber: U.S. Department of the Navy, Office of the Chief of Naval Operations, Naval History Division; seit 2004 auch Online-Version).
Dietel, Werner: Seefahrts-Wörterbuch/ Dictionay of Nautical Terms. München 1964.
Donko, Wilhelm M.: Landungsschiffe der U.S. Navy seit 1939. Stuttgart 2020.
Donko, Wilhelm M.: Minensucher der U.S. Navy seit 1920. Stuttgart 2021.
Döscher, Jürgen: Die Klassifikation für Schiffe der U.S.-Marine von 1920 bis 2000«, Hagen 2001.
Elliott, Peter: Allied Escort Ships of World War II: A Complete Survey. Annapolis 1978.
Evans, Stephen: The United States Coast Guard 1790-1915: A Definitive History. Annapolis 1949.
Fahey, James C.: The Ships and Aircraft of the U.S. Fleet. Annapolis, diverse Jahrgänge.
Flynn, James T.: U. S. Coast Guard Small Cutters and Patrol Boats 1915 – 2012. Vessel of less than 100-feet in Length. Online-Publikation in zwei Teilen, 2014
Grover. David H.: U.S. Army Ships and Watercraft of World War II. Annapolis 1987.
Hofbauer, Bruno G.: Moderne Seemacht. 3 Bände (Truppendienst-Handbuch). Wien 2015-2017.
Howarth, Stephen: To Shining Sea: A History of the United States Navy 1775-1989. New York 1991.
Johnson, Robert: Guardians of the Sea: History of the United States Coast Guard, 1915 to the Present. Annapolis 1987.
Jordan, John: An Illustrated Guide to the Modern U.S. Navy. London 1982.
Kaplan, H./ Hunt, James: This is the Coast Guard. Cambridge 1972.
Kirk, John/Klein, Aaron: Ships of the U.S. Navy. London 1987.
Kowalzick, Lutz A./ Donko, Wilhelm M.: Patrouillenschiffe: der U.S. Navy seit 1939. Stuttgart 2022.

Larzelere, Alex: The Coast Guard in World War I: An Untold Story. Annapolis 2003.
Lenton, H.T./Colledge, J.J.: Warships of World War II. London 1973.
Morison, Samuel E.: History of the United States Naval Operations in World War II, Vol. I-XV. Boston 1947-1960.
Morison, Samuel E.: The Two-Ocean War: A Short History of the United States Navy in the Second World War. Boston-Toronto 1963.
Morison, Samuel L./ Rowe, John S.: Warships of the U.S. Navy. London 1983.
Musgrove, H.E.: U.S. Naval Ships Data arranged by Hull Classification, 5 Bände. Florissant 1975-1985.
Polmar, Norman: The Ships and Aircraft of the U.S. Fleet. Annapolis, diverse Jahrgänge.
Potter, Jürgen/ Nimitz, Chester W./ Rohwer, Jürgen: Seemacht - Von der Antike bis zur Gegenwart, München 1974.
Silverstone, Paul H.: U.S. Warships of World War II. London 1965.
Silverstone, Paul H.: U.S. Warships of World War I. London 197.0
Silverstone, Paul H.: U.S. Warships since 1945. London 1986.
Silverstone, Paul H.: US Navy 1945 to Present. London 1991.
Scheina, Robert L.: U.S. Coast Guard Cutters and Craft of World War II, Annapolis 1982.
Scheina, Robert L.: U.S. Coast Guard Cutters and Craft: 1946-1990, Annapolis 1990.
Terzibaschitsch, Stefan: Die Flugzeuge der U.S. Navy, des Marine Corps und der Küstenwache. Koblenz-Bonn 1980.
Terzibaschitsch, Stefan: Seemacht USA: Rüstung, Organisation, Dislozierung, Entwicklung (2 Bände). Koblenz-Bonn, 1981.
Terzibaschitsch, Stefan: Geleitschiffe der U.S. Navy von der Evarts-Klasse bis zur Claud-Jones-Klasse. Herford 1988.
Terzibaschitsch, Stefan: Hafen-, Depot- und andere Dienstfahrzeuge der U.S. Navy. Leonberg 1997.
Terzibaschitsch, Stefan: Erinnerungen eines Marineenthusiasten: Marine-Reisen, Jubiläen mit Flottenparaden, Standorte, Persönlichkeiten. Leonberg 2004.
Thiesler, Heiko: Hubschrauber der US Navy, Marines und Coast Guard, Stuttgart 2020.
Uhlig, Frank: Vietnam: The Naval Story. Annapolis 1986.
Walling, Michael: Bloodstained Sea: The U.S. Coast Guard in the Battle of the Atlantic 1941-1944. Camden 2004.

USCGC »Hamilton« (WHEC-715) in einer Luftaufnahme vor Alaska 2008.

WEITERE INTERESSANTE BÜCHER ZUM THEMA

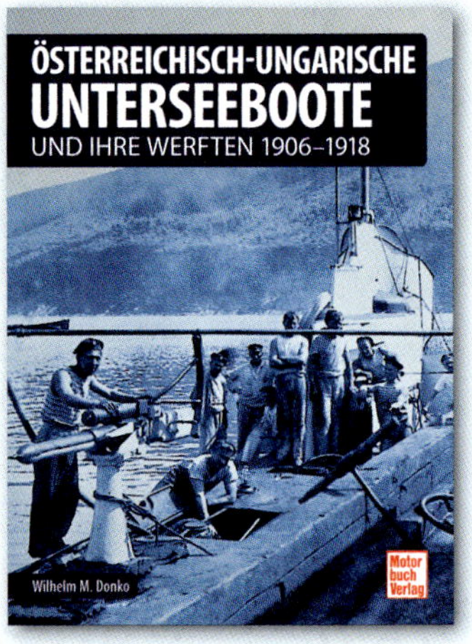

Dieser Band beschreibt die Geschichte der Entstehung und Fertigung der U-Bootflotte der k.u.k. Monarchie. Dabei werden alle k.u.k. U-Boote mit ihren Einsätzen, Erfolgen sowie die Zusammenarbeit mit der Kaiserlich Deutschen Marine im Mittelmeer vorgestellt.

176 Seiten, 180 Abb., 210 x 280 mm
ISBN 978-3-613-04456-2
€ 29,90 / € (A) 30,80

In diesem Buch stellen Lutz Kowalzick und Wilhelm M. Donko alle diese Schiffe der U.S. Navy nach Typen und Klassen vor und beschreiben alle jemals als solche klassifizierten Einheiten, vom Zweiten Weltkrieg über den Koreakrieg bis in die Gegenwart.

224 Seiten, 150 Abb., 230 x 265 mm
ISBN 978-3-613-04517-0
€ 32,00 / € (A) 32,90

In diesem reich bebilderten Typenbuch werden über 2000 Landungsschiffe der amerikanischen Marine detailliert nach Typen und Klassen aufgeführt. Der Schwerpunkt liegt dabei auf den »amphibischen Mutterschiffen« der U.S. Navy.

224 Seiten, 300 Abb., 230 x 265 mm
ISBN 978-3-613-04334-3
€ 29,90 / € (A) 30,80

Diese Dokumentation stellt alle Minensuch- undMinenräumschiffe der U.S. Navy nach Typen und Klassen vor und beschreibt alle jemals als solche klassifizierten Einheiten der Zwischenkriegsjahre über den Zweiten Weltkrieg bis in die Gegenwart.

224 Seiten, 250 Abb., 230 x 265 mm
ISBN 978-3-613-04380-0
€ 29,90 / € (A) 30,80

Leseproben zu allen Titeln auf unserer Internetseite

Motor buch Verlag

Stand Januar 2023
Änderungen in Preis und Lieferfähigkeit vorbehalten.

Überall, wo es Bücher gibt, oder unter
WWW.MOTORBUCH-VERSAND.DE
Service-Hotline: 0711 / 78 99 21 51

www.facebook.com/MotorbuchVerlag